JN265357

Théorème vivant
CÉDRIC VILLANI

定理が生まれる

天才数学者の思索と生活

セドリック・ヴィラーニ　池田思朗・松永りえ訳

クロード・ゴンダール（Claude Gondard）：画

早川書房

定理が生まれる

天才数学者の思索と生活

日本語版翻訳権独占
早川書房

© 2014 Hayakawa Publishing, Inc.

THÉORÈME VIVANT

by

Cédric Villani

Illustrations by Claude Gondard

Copyright © 2012 by

Éditions Grasset & Fasquelle

Translated by

Shiro Ikeda & Rie Matsunaga

First published 2014 in Japan by

Hayakawa Publishing, Inc.

This book is published in Japan by

direct arrangement with

Éditions Grasset & Fasquelle.

Portrait de Catherine Ribeiro : © APIS.
Portrait de Gribouille : © photo de Jean-Pierre Leloir

本文組版／株式会社 国際文献社

「研究者や数学者はいったいどんな暮らしをしているのですか？」とたびたび質問される。私たちは毎日何をしているのか？　私たちの仕事を文字で表すとしたらどんなふうに書くことができるのだろうか？　この本はその疑問に答えようとするものである。

　数学が一歩前進するまでの創造過程の物語。私たちが未知の冒険に踏み出そうと決めた瞬間から、新たな成果を得た瞬間まで、すなわち新しい定理を発表した論文が国際誌に掲載を認められるまでの経緯を描いている。

　この二つの瞬間と瞬間の間で、研究者たちは答えを探し求める。人生ではよくあることだが、この長い道のりも、寄り道なしのまっすぐなものではなく、ときには大きく逆戻りし、紆余曲折を経る。

　話を展開させるために多少の手直しはあったものの、この物語に描かれていることはいずれも事実である。少なくとも私が感じてきた現実そのままに描かれている。

　偶然の出会いであったにもかかわらず、この企画を提案してくれたオリヴィエ・ノラ、丁寧に読み込んでアドバイスをくれたクレール、素敵なイラストを描いてくれたクロード、私の話にしっかり耳を傾け、素晴らしい編集作業をしてくれたアリアンヌ・ファスケルをはじめとするグラセ社の仲間たち全員に感謝したい。そして誰よりもクレマンに感謝を。彼との共同作業の日々を忘れることはないだろう。それがなければ、この本のテーマそのものが存在することはなかった。

　読者の皆様からの質問やコメントは大歓迎だ。ネット経由で私に連絡を取っていただければと思う。

2011年12月、パリより

セドリック・ヴィラーニ

第1章

2008年3月23日、リヨン

　日曜日の13時……数学者二人が待ち合わせなどしていなければ、研究室はがらんとしていただろう。一緒に作業をしようと静かな場所を求めた結果、私が8年来仕事場にしているリヨン高等師範学校4階の研究室で彼と落ち合うことになった。

　私は座り心地のよい肘掛けいすに体を沈めた。広々とした机の上にクモの足のように両手の指を広げ、かたかたと強く机をたたいてみる。かつてピアノの先生にそうやって練習するよう教えられたとおりに。

　机の左側に置いた作業台にはデスクトップパソコンがのっている。右側の作り付けの棚には数学や物理に関する書籍が数百冊並んでおり、背後にある長いラックの上には資料が整頓されて置いてある。何千枚にもおよぶ記事の山。まだ科学誌が電子化されていなかった「古代」にコピーをとったものだ。それから好きなだけ本を買うには給料が足りなかった頃にコピーしたおびただしい数の専門書の複製。メモ書きは優に1メートルの幅を占めており、長い年月をかけて様々なものを網羅したアーカイブと化している。同じく大量の手書きのノート。これは気の遠くなるほど長い時間、研究発表を聴講した証しだ。そして目の前の机には愛用のノートパソコン「ガスパール」がある。フランス革命期の偉大な数学者ガスパール・モンジュにあやかってこの名前をつけた。世界各地の旅先で書き殴った数式で埋めつくされた紙は、必要になったらいつでも見られるようひとまとめにして積み上げられている。

　クレマン・ムオは私にとって気心が知れた相手だ。彼は、私の正面の壁全体を覆いつくした大きなホワイトボードのそばに立ち、マーカーを手に、目を輝かせながらこう切り出した。

「どうして僕を呼び出したんですか？　プロジェクトって？　メールではあまり詳しく教えてもらえませんでしたが……」
「大それたことなのは百も承知で、また、あの長年の難題に取り組んでいるんだ。非一様ボルツマン方程式の解の連続性についてだよ」
「条件付きですか？　つまり最低限の連続性の評価のもとで、ということですか？」
「いや。条件なしでやる」
「そりゃすごい！　摂動法の枠組みではやらないというんですね？　条件なしでできそうなんですね？」
「ああ、もう取りかかっている。なかなかいい線まで行った。いろいろアイディアもある。だが、壁にぶち当たってしまったんだ。いくつかの簡単なモデルを使って難しい問題点を切り分けてみたが、一番簡単なモデルでやってみてもわからない。最大値原理に基づいてうまく進めたつもりだったが、ここで全部つじつまが合わなくなった。そこで、話を聞いてほしいんだ」
「いいですよ。どうぞ」

　私はクレマンに、どんな結論を想定しているのか、何を試みたのか、互いにうまくつなげることができない断片とは何かを時間をかけて話した。論理のパズルがうまく解けず、ボルツマン方程式は相変わらず手ごわいままだと説明した。

　ボルツマン方程式——世界で最も美しい方程式。私はそう記者に話したことがある。まだ学位論文を書いていたひよっこの頃にこの方程式にのめり込んでしまい、あらゆる側面からこの問題を研究したのだ。ボルツマン方程式にはすべてを見いだすことができる。統計物理学、時間の矢、流体力学、確率論、情報理論、フーリエ解析……。この方程式によって描かれる数学の世界を誰よりもよく知っているのはこの私だと言われたこともある。

　私がこの方程式の謎に満ちた宇宙にクレマンを引き込んだのは7年前、彼が私の指導のもと、学位論文を書き始めた頃のことだ。クレマンは夢中になって勉強した。ボルツマン方程式に関する私の論

文すべてを読んだ唯一の人間であることには間違いない。現在の彼は熱意と才気にあふれた一人前の研究者として認められ、独り立ちしている。

7年前に彼の手ほどきをした私が、いまや彼の力を必要としている。あまりにも難解な問題に突き当たってしまったので、独りでは解くことができないだろう。せめてこの理論を熟知している人間に、私がどれだけ悪戦苦闘したかを聞いてもらいたいのだ。

「いいか、小角度衝突がさかんに起きているとしよう。カットオフなしのモデルだ。すると方程式は、分数階拡散方程式のような形になる。もちろん縮退するわけだが、拡散していることには変わらない。ここで密度と温度の境界が得られれば、モーザー型の反復スキームを使うことができる。非局所性を考慮に入れるにはこのスキームがぴったりだからね」

「モーザーのスキームですか？ うーむ。ちょっと待ってもらえますか。メモします」

「そう、モーザー型のスキームだ。そこで鍵になるのはボルツマン演算子で……。確かにこの演算子は双1次形式で局所的ではないが、雰囲気としてはダイバージェンスの形をしている。だからモーザーのスキームが成り立つんだ。そこで非線形関数に変え、パワーを急激に上げる……。実際には温度の他にも少しすることがある。2次のモーメント行列の制御をね。いずれにしても正値性が重要だ」

「ちょっと待ってください。少しゆっくりお願いします。どうして温度だけでは不十分なんですか？」

私は長々と説明した。それから二人で議論になり、ときには意見が対立した。ホワイトボードは数学記号で溢れ、クレマンは正値性についてさらに詳しく知りたがった。連続性の評価なしにどうやって厳密な正値性を示せるのか。そんなことが可能なのだろうか、と。

「それほど驚くことでもないさ。衝突によって下からの評価が得られるし、輸送もある領域に制限するのだから。方向性は間違っていない。よほど運に見放されていない限り、これら二つの効果はさらに強まるはずだ。随分前に、バーントがトライしてみたのだけれど、

そこで行き詰まってしまった。まあ、これまでやってみた連中はごまんといるが、みんな痛い目にあった。だが、なかなかいいところまできていると思うんだが」

「連続性抜きで輸送が正値になると確信しているんですか？　ですが、衝突がないまま密度の値を輸送すると、正値性がさらに強まるわけではないし……」

「それはそうだが、速度で期待値をとれば正値性が強まるよな……。力学に関する平均化の補題に似ていると言えるかもしれない。でもここで問題なのは連続性ではなくて、正値性なんだ。確かにこれまで誰もこの角度からきちんと研究していない。あ、待てよ……。そうだ、2年前プリンストンで中国人のポスドクにこの手の質問をされたことがあった。輸送方程式を使うんだ。たとえばトーラスの中で。連続性をまったく仮定せずに空間密度が厳密に正値になると証明する。連続性なしでやるんだよ！　あのポスドクは自由輸送の場合や、短時間でもっと一般的なやつなら証明できたが、もっと長時間のケースでやってみたところうまくいかなくなってしまった……。当時、彼の質問を他の人にもきいてみたが、結局、納得がいく答えはもらえずじまいだった」

「ちょっといいですか。ええと、あのしょうもない自由輸送でどうするっていうんです？」

　自由輸送とは、粒子が互いに作用しない理想的な気体を意味する専門用語である。とても現実に即しているとはいえない極めて単純なモデルであるが、たいていの場合、そこから非常に多くのことを知ることができる。

「そんなもの陽に解けるに違いないさ。ほら、一緒に見てみよう」

　こうして、あのポスドクのドン・リーが導いたはずの証明を再現するために、各々が彼の通った道筋をたどってみることにした。重要な結果を求めるためというよりも、ちょっとした計算問題で肩慣らししようとしたのである。だが、このちょっとした計算問題の解を理解すれば、大きな謎を解くための道が開けるかもしれない。いわばゲームみたいなものだ。私たちはほんの数分、黙って鉛筆を走

らせた。先にゴールしたのは私だった。
「よし、できたぞ」
　解を示すため、私はホワイトボードに向かった。授業で計算の答え合わせをするように。
「トーラスの応答に沿う形で解を分解する……分解したそれぞれの部分の変数を変える……するとヤコビ行列式が現れるので、リプシッツ連続性を用いる……最終的には $1/t$（t分の1）に収束することがわかる。まどろっこしいやり方だが、しっくりくると思う」
「ええっ！　じゃあ正則化なしで……収束は平均値で……平均値によって……得られたというんですね」
　クレマンは私の計算を目の前にして、考えたことをいちいち口に出していたが、突然、目を輝かせ、すっかり興奮したようすでボードのほうを指さした。
「それなら、このやり方がランダウ減衰に使えるかどうか検討しないと」
　私ははっとした。数秒間、声が出なかった。漠然と、重要な何かをつかみかけているように感じたのだ。
「どういう意味だ？」とクレマンにきくと、彼はどぎまぎし、落ち着きなく行ったり来たりしながら、「この証明を見ていたら3年前に米国東海岸のプロビデンスで、中国出身のヤン・グオという研究者と議論したことを思い出したんです」と説明を始めた。
「ランダウ減衰で可逆性をもつ方程式を導き出すように緩和する方法を探していたんです……」
「ああ、わかるよ。だけど相互作用は関係ないのか？　まだヴラソフ方程式まで行ってないんだ、単なる自由輸送なんだよ！」
「確かに、相互作用による影響は何かあるかもしれません。それから……収束は、指数関数的になるに違いないでしょう。$1/t$ は最適だと思いますか？」
「しっくりくるが、そう思わないか？」
「ですが、正則性がもっと強かったら？　そのほうがうまくいきませんか？」

「うーむ」

私は、疑いと集中力と関心と欲求不満が一緒くたになったようなうめき声を上げた。

口をきっと結んだまま互いの目をじっと見つめた一瞬の沈黙の後、私たちは、再び意見を交換し始めた……神秘的（しかも、神秘主義的？）なランダウ減衰は、どれほど強く心をそそるとしても、私たちの当初の研究プロジェクトにはまったく関係ない。その後いつの間にか、私たちは話題を変え、ずっと議論を続けながら、さまざまな数学の問題をあれこれ旅した。メモをとり、論証し、慣れ、学び、攻略計画を練った。にもかかわらず、クレマンと別れて帰路についたとき、私が持ち帰る宿題の長いリストの中にはランダウ減衰も入っていた。

*

ボルツマンの方程式、

$$\frac{\partial f}{\partial t} + v \cdot \nabla_x f = \int_{\mathbb{R}^3} \int_{\mathbb{S}^2} |v - v_*| \big[f(v') f(v'_*) - f(v) f(v_*) \big] dv_* d\sigma,$$

は、*1870*年頃にルードヴィッヒ・ボルツマンによって導かれた数式で、希薄気体を構成する無数の粒子が互いにぶつかり合って生じる変化を表現したモデルである。関数 $f(t, x, v)$ は多数の粒子の位置と速度に関する統計的分布であり、時刻 t における粒子密度の（おおよその）位置 x と（おおよその）速度 v を表している。

ボルツマンはまた、気体のエントロピー、いわば気体の乱雑さの統計学的な概念を次のように導いた。

$$S = - \iint f \log f \, dx \, dv;$$

彼はこの方程式を用いて、エントロピーは任意に定めた初期状態から、時間が経つと増大することはあっても決して減少しないこと

を表した。わかりやすくいえば、自由な状態にある気体は自ずと乱雑さを増していき、そしてその変化は不可逆だ、ということである。

ボルツマンはこのエントロピー増大の理論によって、さかのぼること数十年前に実証され、熱力学第 2 法則という名で知られていた法則を再確認したことになる。しかしそれに加えて、概念論という意味合いにおいて、彼の貢献はめざましかった。一つ目は、実験を通して観察し、原則に基づいて打ち立てた経験則に甘んじず、ひとつの論証を行ったこと。二つ目は、謎めいたエントロピーという概念から、非常に豊かに数学的な解釈を導き出した点。そして三つ目は、予測不可能で混沌とし可逆性をもつ微視的物理学と、予測はできるが不可逆である巨視的物理学とを調和させたことだ。これらの偉業によって、ボルツマンは理論物理学の殿堂に名を連ねるのにふさわしい人物として、理論重視の哲学認識論者からも実験重視の科学認識論者からも同様に常に注目を浴びつづけている。

続いてボルツマンは、
「最も乱雑な状態こそ最も自然である」
として、統計システムの上での平衡状態を最大エントロピーの状態だと定義した。それによって平衡統計物理学という壮大な分野を築き上げたのである。

若い頃は自信にあふれたボルツマンも、年をとるにつれ煩悶の日々が続くようになり、やがて 1906 年に自ら命を絶った。彼が主張した気体論の概略は、今日も意義を失っておらず、時を経た今、19 世紀における最も重要な科学研究の一つとみなされるようになった。だが、実験を通じて確認された彼の予想は、いまだに完全な数学理論にはなっていない。このジグソーパズルのいまだに足りないピースは、ボルツマン方程式の解の連続性に関する研究である。謎がまだしつこく残っているにもかかわらず、そしてある意味では、そうであるがゆえに、ボルツマン方程式はいまや、国際希薄気体力学シンポジウムをはじめとしたさまざまな会議に集まる世界中の数学者や物理学者、エンジニアが関心を寄せる定理となっている。

Ludwig Boltzmann

ルードヴィッヒ・ボルツマン

第 2 章

2008 年 3 月、リヨン

ランダウ減衰！

　結論が出なかった討論……。交わした言葉の断片……。クレマンと研究室で会った後、私の頭の中でぼんやりとした記憶がよみがえっていた。プラズマ理論を専門とする物理学者ならば誰にとっても、ランダウ減衰は当たり前の存在である。だが、数学者の目にはいまだ謎に包まれた現象である。

　2006 年 12 月、私はオーベルヴォルファッハの研究所にいた。黒い森(シュヴァルツヴァルト)の中心にある人里離れた伝説の研究所は、数学者が入れ替わり立ち替わりやってきては多種多様なテーマについて話し合う隠れ家のような場所だ。錠前のないドア、レジスター代わりの木製の小箱、飲み放題のドリンク、ふんだんに出してもらえるお菓子……。食堂で、どのテーブルのどの席に座るかは、くじ引きで決まる。

　私もあの日、オーベルヴォルファッハでくじを引き、米国から来たロバート・グラッシーとエリック・カーレンと同席することになった。二人は気体に関連する数学理論の専門家だ。その前日、シンポジウムの冒頭で、私は自分の新しい研究成果を発表する栄誉にあずかった。この日は、エリックが午前中にアイディアあふれる熱のこもった発表を行っており、私たちは熱々のスープを前に、引き続きその発表について話し合っていた。ロバートにとってこの話題は、最初から最後まで手に負えなかったようだ。自分は年をとって時代遅れだと感じたのか、「そろそろ引退どきだな」と言ってため息を洩らした。

　エリックは一段と大きな声を上げた。「引退なんてとんでもない。今ほど気体論が熱い時代はないですよ！」

私も心の中で同じく声を上げた。どうして引退なんて言うのだろう？　ロバートが35年のキャリアで培ってきた経験を、今、私たちはどれほど必要としていることか。
「ロバートさん、あの謎に満ちた現象であるランダウ減衰について話してください。現実に起こるのかどうか説明していただけないでしょうか？」私は英語で尋ねた。
　ロバートの口から「奇妙な」「風変わりな」という言葉が出た。
「確かにマスロフはランダウ減衰を研究していた」、「そう、確かにランダウ減衰とは相容れないようにみえる可逆性のパラドックスがある……」、「いや、そのあたりははっきりしていないんだ」。一方、エリックは、ランダウ減衰が想像力豊かな物理学者たちの生み出した妄想で、数学的に定式化するなんて無理なのではないかといった発言をした。私にとってはさほど目新しい情報はなかったので、この会話は、頭の片隅にとりあえず過去資料としてアーカイブしておくことにした。

　2008年の現時点でも、私は2年前と変わらずランダウ減衰については何も知らなかった。一方、クレマンは、学位論文の指導教授が同じだったという縁で、ロバートの弟子のような存在であるヤン・グオと長い間議論したことがあるという。この問題の根底にあるのは、ランダウがもともとのモデルについてではなく、線形化された単純なモデルについてしか研究をしなかった点だ、とヤンは話していたそうだ。つまり、ランダウの研究が非線形という「現実的な」モデルに当てはまるのかどうかは誰にもわからないのである。ヤンはこの問題に夢中になっているが、魅了されているのは彼だけではない。

　それならクレマンと私でこの問題に挑戦してみるのはどうだろう？　それも悪くない。だが、解くためにはまず何が問題なのかを正確に知っておかなければならない。数学の研究では目的が何であるかをクリアにしておくことが、不可欠かつデリケートな一歩となる。

　最終目的が何になるにせよ、唯一私たちが確信していたのは、ヴ

Yan Guo
ヤン・グオ

ラソフ方程式が出発点になるということだった。

$$\frac{\partial f}{\partial t} + v \cdot \nabla_x f - \left(\nabla W * \int f\, dv\right) \cdot \nabla_v f = 0,$$

この式は、プラズマの統計的性質を見事なほど厳密に記述している。数学者というのは、アーサー王物語の哀れな「シャロットの女」のように、世界をじかに見つめず、何かに反射している姿、つまり数学を通して見ることしかできない。したがって、論理のみが支配する数学的な思想の世界でこそ、ランダウを追跡すべきなのである……。

クレマンも私もこの方程式について研究したことはなかった。だが、方程式はすべての人のものである。私たちは襟を正して取りかかった。

*

*1908*年、ユダヤ系ロシア人として生まれたレフ・ダヴィドヴィッ

チ・ランダウは、1962年にノーベル賞を受賞し、20世紀における偉大な物理学者の一人だとみなされている。時のソヴィエト政府に投獄され、僚友たちの懸命な嘆願により釈放されたが、当時の理論物理学界における横暴な君主のような側面も持ちあわせていた。エフゲニー・リフシッツと共同で著した圧巻の教科書シリーズは今も読まれ続けている。プラズマ物理学に対するランダウの貢献は重要であり、プラズマ物理学についての文献には必ずといっていいほど登場する。まず、ランダウ方程式〔訳注：ランダウ−フォッカー−プランク方程式〕。これは私が学位論文執筆中の数年間ずっと研究していたボルツマン方程式の妹分にあたる方程式だ。そして、かの有名なランダウ減衰。これは、ボルツマン方程式を支配するメカニズムに反して、プラズマの自然な安定化、すなわちエントロピーの増大が起こることなしに平衡状態に戻る現象を示唆している。

　気体の物理、つまりボルツマンの物理学の場合、エントロピーは増大し、情報は失われる。時間の矢が動き、初期状態は忘れられるのだ。統計的な分布は、可能な限り乱雑な最大エントロピーの状態にだんだん近づいていく。

　プラズマの物理、すなわちヴラソフ力学の場合、エントロピーは一定であり、情報は保たれる。時間の矢は動かず、初期状態は保存される。乱雑さが増大することはない。特に何か別の状態に近づいていくことはない。

　だが、ランダウはヴラソフの研究を引き継いだのである。ヴラソフのことを見下し、彼の成果のほとんどが誤りであるとはばかることなく断言していたというのに……。ランダウは、電気力は時間の経過に伴い、自然に減衰していき、エントロピーの増大も起こらず、どのような性質の摩擦も起こらないと示唆した。果たして、これは邪説だろうか？

　科学界は、ランダウの数学に基づく複雑で独創的な計算を認めざるを得ず、その現象をランダウ減衰と命名した。むろん、疑いの声が上がらなかったというわけではない。

Lev Landau

レフ・ランダウ

第 3 章

2008 年 4 月 2 日、リヨン

　通路に置いてあった低いテーブルは大量のメモで埋め尽くされ、黒板は細々とした図や絵に占領されていた。大きなガラス戸に目をやると、やたらと大きなクモが足をにゅっと立てて貼りついているのが見える。ここ、リヨンのP4（バイオセーフティレベル4）ラボは、世界で最も危険なウイルスの研究を行っていることで知られている。

　私を訪ねて来ていたフレディ・ブシェは、メモ書きをかき集めると手提げ鞄の中に突っ込んだ。これまで丸1時間、私たちは彼の研究について、銀河系の構造についての数値シミュレーションについて、また、星には安定した状態に自発的に落ち着こうとする不思議な能力が備わっていることなどについて話していたのである。

Freddy Bouchet

フレディ・ブシェ

　この安定化は343年前にニュートンが発見した万有引力の法則には含まれていない。だが、万有引力の法則によって支配されてい

る空一面の星を観察すると、かなり長い時代を経て全体が安定してきたように見えてくる。それはスーパーコンピュータで実行される莫大な計算によって確認できる……。

それなら、万有引力の法則からこの安定化の特性を演繹することはできるだろうか？

天体物理学者のリンデンベルはそれが可能だと鉄惑星のように固く固く信じていた……。そして、この現象を激しい緩和と名付けたのである。なんと美しい矛盾のレトリックだろう！

「激しい緩和というのはね、セドリック、ランダウ減衰のようなものなんだよ。ただし、ランダウ減衰が摂動理論の範疇であるのに対して、激しい緩和は強い非線形性によるものだという違いはあるがね」

数学と物理学の両方を修めたフレディは、これまで物理学者としてこの問題に取り組むために、人生の一部を割いてきた。彼が研究してきた基本的な命題の中には、今日私にわざわざ会いに来て話してくれたものも含まれている。

「なあ、セドリック。銀河をモデル化する際、たとえば宇宙に点々と散らばる星を、星のガスのような流体に置き換えるだろう？ つまり離散的なものを連続的なものとして扱うんだ。けれどもこの近似法によって引き起こされる誤差はどれぐらいの幅だと思う？ なぜ星の数に左右されるのだと思う？ 気体の中には100京（10^{18}）もの粒子があるが、銀河にはたった1000億（10^{11}）の粒子しかない。それによる影響は大きいのだろうか？」

フレディは時間をかけて論じ、問いを立て、解答を示し、図を描き、引用部分に印をつけた。話の中で、彼の研究と私の十八番のうちの一つ、モンジュが打ち立てた最適輸送に関する理論には関連性があるという指摘もあった。有益な意見交換となりフレディは満足していた。一方私は、クレマンと議論してからまだ数日しか経っていないというのに、ここでもランダウ減衰が登場したことにひどく興奮していた。

フレディがおいとまするト言って帰っていくのを見計らうように、

隣のデスクでそれまで静かに書類の整理をしていた研究者が私に声をかけてきた。毛先をまっすぐそろえてカットしたグレーの長い髪が、品のいい反体制派のイメージを醸し出している。
「なあ、セドリック、あんまり偉そうなことは言えないけど、あの黒板の図には見覚えがあるよ」

エティエンヌ・ジスはフランス科学アカデミー会員であり、国際数学者会議の総会で講義をしたこともある人物だ。数学界で「世界一の講師」としばしば形容され、実際そのとおりの第一人者である。地方出身の闘士でもある彼は、かれこれ20年、ここリヨン高等師範学校数学研究所の発展に力を注いだ。今日、この研究所が世界で有数の幾何学研究機関に変貌を遂げたのは、ひとえに彼の貢献があったからだ。カリスマ性があるとはいえ、うるさ型のエティエンヌは、あらゆるテーマについて何か一言いわずにはいられない。

Étienne Ghys

エティエンヌ・ジス

「フレディと私が描いていた図に見覚えがあるんですか?」
「ああ。たとえばこれは KAM 理論 (Kolmogorov-Arnold-Moser) に出てくるからね。そっちに描いてあるのも見たことがあるな……」
「いい文献はありますかね?」
「あるよ、まあ、KAM は知ってのとおり、ある程度どんなものにでも出ているけどね。まず完全可積分な力学系の準周期的な解から

始めて、少し摂動を与えるだろう？ すると小分母の問題があって、長い時間にわたっていくつかの軌道を壊す、それでも安定性はかなりの確率で得られる」

「ええ、それはわかってます。でも、図はあるんですか？」

「まあ待て。あそこにいい本があるから取ってきてやる。だが、宇宙論の本には、力学系の理論でよくみられるような図がたくさん載っているよ」

　非常に興味深い。あとで調べてみよう。安定化の陰に何が隠れているか理解する助けになるかもしれない。

　私が所属するこの小さくても優れたラボで、何が一番すばらしいかといえば、同じ数学でも畑違いの研究者同士の間でいろいろな話題が飛び交うこと、それも、コーヒーメーカーの前や廊下で、テーマの垣根を越えることを気にせずに話し合える雰囲気だ。探索するべき新しい道が次から次へと現れるのである。

　エティエンヌがその幅広い蔵書の中から参考文献を探してくれるのを待ちきれなかった私は、自分の蔵書から目についたものを引っ張り出した。ナッシュ－モーザーの定理に関するアリナック－ジェラールの概論だ〔訳注：*Pseudo-differential Operators and the Nash-Moser Theorem*（『擬微分作用素とナッシュ－モーザーの定理』）AMS（米国数学会）〕。この論文についてはすでに数年前に猛勉強していたので、ナッシュ－モーザーの定理は、さっきエティエンヌが触れていたコルモゴロフ－アーノルド－モーザーの定理、つまり KAM の定理を支える一つだということはわかっていた。それに、ナッシュ－モーザーの定理の背景では、驚くべきことにニュートン法が用いられていることも知っている。そして、その方法によって指数関数の指数関数という想像を絶する速さで収束する。つまりコルモゴロフは非常に創意に富んだやり方でこの方法を利用してみせたのだ！

　正直なところ、このような美しい定理やスキームと、私の抱えているランダウ減衰の問題の間には何も関連性を見いだせない。だが、エティエンヌの直感が正しいかもしれないではないか？　私はいろいろな想像を巡らせるのをいったんやめ、すでに重くなってい

るバックパックにこの本を突っ込み、子どもを迎えに行くために小学校の校門まで急いだ。

　メトロに乗り込むとすぐさま、私は上着のポケットからマンガを取り出し、短いながらも貴重な時間を過ごす。まわりの世界は消え去り、顔に縫合の跡がある超人的に器用な外科医や、切れ長で大きな瞳の幼い娘たちのために命を捧げる筋金入りのヤクザが登場し、いきなり悲劇の英雄になる残酷な怪物、そして反対に残酷な怪物に変貌を遂げる金髪の巻き毛の少年たちが活躍する世界が現れる、懐疑的であるかと思えば甘く、情熱的かと思えばしらけた世界。偏見もなければ、善か悪かの単純な二元論でもなく、感情がほとばしり、無邪気に楽しむことを恐れない読者の心を打ち、目に涙を浮かべさせる世界だ。

　市役所駅(オテル・ド・ヴィル)に着いた。降りなければならない。メトロに乗っていた間は、まるでインクと紙が小さな流れとなって私の血管を通るかのように、物語が頭の中に入り込んできた。私は体の中からすっかり洗われた気分になる。

　数学に関する思考も一時停止状態になる。マンガと数学が一緒くたになることはない。この先、夢の中で混ざり合うかもしれないとはいえ。もしランダウが、結局自らの命を落とすことになったあのひどい事故の後、ブラックジャックに手術してもらったとしたらどうなっていただろう？　あの悪魔のように人間離れした外科医なら、ランダウを完全に復活させて、彼に超人的な研究を再開させることができたに違いない。

　おや、エティエンヌの指摘やあのコルモゴロフ―アーノルド―モーザーとランダウの定理のことをすっかり忘れていた……あの二つの定理にはどんな関係があるのだろうか？　メトロのホームに一歩足を下ろした瞬間から、その謎が再び頭の中で回り始めた。もし何か関係があるのなら、私が見つけてみせる。

　当時の私は、その関係性を見つけだすのに1年以上かかろうとは予想だにしていなかった。驚くべき皮肉といえる事実も理解してなかった——エティエンヌがピンと来て、コルモゴロフを思い出す

きっかけになったあの図はまさしく、コルモゴロフとの関連性が破綻する状況を表した図であるということも。

あの日、エティエンヌの直感は間違っていなかったが、理由付けは正しくなかった。かつてダーウィンが、コウモリと翼竜を比較し、双方の間には密な関連性があると誤って信じたがゆえに進化論を推測したことに少し似ているかもしれない。

クレマンと話し合って思いがけない展開になった10日後、私の進もうとしていた道に絶妙のタイミングで二つめの奇跡的な巡り合わせがやってきたのだ。

とはいえ、まだこの件については探求していかなければならないだろう。

*

あのソ連の物理学者は何という名前だったろう？　彼も私のような交通事故に遭ったが、死の淵から甦った。彼は医学的には死んでいたのだ。この奇蹟を何かで読んだ。かけがえのない研究者を救うため、ソ連の科学の粋を集め、全力が尽くされた。外国からも医者が呼ばれた。死者は生き返った。何週間も、世界の一流の外科医が交代で彼の治療にあたった。四回彼は死に、四回人間の手で命を吹き込まれた。記事の詳しい内容は忘れたが、承認できない運命に挑んだこの戦いに胸を躍らせたのは憶えている。墓はすでに口を開けていたが、彼は力ずくでそこから引っ張り出されたのである。彼はモスクワ大学に復職した。

ポール・ギマール著、堀茂樹訳『わかれ路』早川書房、*1994*年

*

ニュートンの万有引力の法則は、あらゆる二つの物体はそれぞれの質量の積に比例し、二つの距離の二乗に反比例する力によって引きつけ合うとしている。

$$F = \frac{\mathcal{G}\, M_1\, M_2}{r^2}.$$

この古典的な重力の法則は、銀河の星の動きを正確に説明できるはずだ。しかし、ニュートンの万有引力の法則自体がいかにシンプルなものであったとしても、銀河の中の膨大な数の星をそれに当てはめようとするのは無理がある。結局のところ、人間がどのように機能するかを私たちが理解しているのは、人間を構成するそれぞれの原子を一つずつ取り出して、その仕組みを理解しているからではないということと同じなのだろう……。

ニュートンは、引力の法則を導いてから数年後、ニュートン法と呼ばれることになるもう一つの希有な発見をした。これは次のような任意の方程式の解を計算する方法である。

$$F(x) = 0.$$

ある近似解 x_0 を初期値とし、関数 F を点 $(x_0, F(x_0))$ を通る接線 T_{x_0} に置き換え(専門用語で説明すれば、x_0 のまわりで方程式を線形化する)、近似した方程式 $T_{x_0}(x) = 0$ を解く。すると新たに近似解 x_1 が得られるので、この手続きを繰り返していく。つまり F を x_1 を通る接線 T_{x_1} に置き換え、x_2 を $T_{x_1}(x_2) = 0$ の解とする。以降同じように続けていく。数学的に厳密に表記するならば、x_n と x_{n+1} の関係は次のようになる。

$$x_{n+1} = x_n - \left[DF(x_n)\right]^{-1} F(x_n).$$

x_1, x_2, x_3 ……と連続して得られていく近似解は、信じられないほど精度がよい。というのも、驚くほどの速さで「本物」の解に近

$y = F(x)$ のグラフと接線による図（x_0, x_2, x, x_1 が示されている）

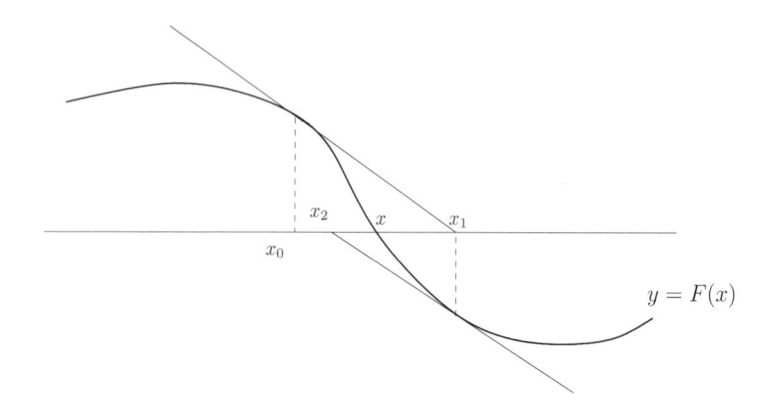

づくからだ。大抵の場合、4、5回連続して求めていくだけで、どんな最新式の計算機もかなわないほど正確な値をはじき出す。今から4000年前、古代バビロニア人はすでにこの方法を用いて平方根を求めていたといわれている。そしてニュートンは、この方法が平方根の計算だけでなく、どのような方程式にも当てはめられることを見いだしたのである。

その後、だいぶ経ってから、ニュートン法はとんでもなく速く解

Isaac Newton
アイザック・ニュートン

が収束することから、20世紀で最も注目すべき法則のいくつかを示すのに用いられた。たとえば、コルモゴロフの安定性に関する定理、ナッシュの等長埋め込みなどである。この恐るべき方法はそれだけで、純粋数学と応用数学の違いという人為的な垣根を飛び越えてしまうのだ。

*

　ロシア人数学者のアンドレイ・コルモゴロフは20世紀の自然科学の歴史において伝説的な存在だ。1930年代、彼こそが近代における確率理論を打ち立てたのだ。1941年に作り上げられた乱流に関する理論は、それを裏付けるためであろうと、誤りであると主張する場合であろうと、今もなお引き合いに出されている。そして複雑さに関するこの理論は、その後発展することとなる人工知能を先取りするものであった。

　1954年、国際数学者会議でのコルモゴロフの発表に驚きの声が上がった。すでに遡ること70年前にポアンカレが、太陽系は本質的な不安定性を内包しているということについて僚友の学者たちを納得させていた。つまり、どんなに微小であれ、惑星の位置には不確実さが伴う以上、これらの惑星が遠い将来どの位置にあるかという予測は不可能だとしたのである。だが、コルモゴロフはそれに反論したのである。驚愕すべき大胆さで、確率論と決定論的力学方程式を結びつけ、太陽系はおそらく安定性を有すると述べた。ポアンカレが見立てていたとおり、不安定性がある可能性はあるが、コルモゴロフによれば、そのような状態が持続するのはごくまれだという。

　コルモゴロフの定理では、正確に解決可能な力学系（ケプラーが想像したような太陽系、つまり惑星）が、不変で一定した楕円の軌道に沿って、「思慮深く」永遠に太陽の周りを回り続けるシステムから出発し、その力学系に摂動がほんの少しだけ加わるだけならば（惑星同士の間に働く引力をケプラーは無視していたが、コルモゴ

ロフは考慮に入れている)、そのシステムは当初の条件のほぼそのままで安定すると証明されている。

コルモゴロフが主張する楕円軌道は、その複雑さのせいで同時代の科学者たちからも疑わしく思われていた。だが、ロシア人のウラジーミル・アーノルドとドイツ人のユルゲン・モーザーが、それぞれのアプローチによって、完全な形での証明を再現することに成功した。アーノルドはコルモゴロフの主張そのものを証明し、モーザーはより一般的な場合で証明したのである。ここに KAM 理論が誕生した。古典力学の歴史における、最もインパクトが強い事件のうちの一つであった。

Andreï Kolmogorov

アンドレイ・コルモゴロフ

この定理には独特の美しさがあると当時の科学者たちは認めざるを得なかった。以来 *30* 年間、コルモゴロフの定理が要求する数学・物理的な条件が現実では正確に満たされないにもかかわらず、太陽系は安定していると信じられたのだ。再びその主張がひっくり返されるには *1980* 年代末に登場したジャック・ラスカーの研究を待たなければならなかった。だが、それはまた別の話である。

第 4 章

2008 年 4 月 15 日、シャイヨール

　見学者は息を潜めた。先生が合図を出したのだ。子どもたちが一斉に弦の上で弓を踊らせる。スズキ・メソードでは、グループレッスンに保護者も参加するように強く勧められる。そもそも音楽教室に完全に占領されたこの大きな山小屋で、他に何ができるというのだろう？

　ヴァイオリンがあまりにも耳障りな音を立てても、保護者たちはしかめ面をしないようにしている。というのも、昨日彼らは、子どもたちの楽器を自ら弾くはめになり、いい笑いものになった。子どもたちも大喜びだった。だがそのおかげで保護者たちは、この悪魔のような楽器から正しい音を引き出すのがいかに大変なことであるかがわかったのだ。そして今日は和気藹々と、実にいい雰囲気で練習が行われていた。子どもたちはご機嫌だ。

　スズキ・メソードだろうとそうではなかろうと、何よりも大事なのは、教師に教える才能があるかどうかだ。息子がチェロを教えてもらっている先生は、その点ではとにかく素晴らしかった。

　最前列に座った私は、ジェームズ・ビニー＆スコット・トレメーンのベストセラー *Galactic Dynamics*《銀河の力学》を、新しい世界を発見して興奮している小さな子どものようにむさぼり読んでいた。ヴラソフ方程式が宇宙物理学でこれほど重要な位置を占めているとは思いも寄らなかった。ボルツマン方程式が世界一美しいのは変わりないが、ヴラソフも悪くない！

　ヴラソフ方程式が頭の中で特権的な位置を占めるようになっただけではなく、私は、星の魅力にも強く引かれるようになった。かつては、螺旋銀河や球状星団などといったものは、まあ悪くないというくらいに思っていた。だが、今の私は、その世界の扉を開けるの

に必要な数学という鍵を持っていて、大いに心を動かされている。

　クレマンと話し合って以来、私は計算をし直した。アイディアがわき始めていた。気がつくとこんな調子でぶつぶつとつぶやいていた。

「わからないなあ。ランダウ減衰は位相混合とは違うといわれているけど……私には結局のところ同じように思える……。うーむ」

　それから、かわいい子どもたちの金髪の頭を一瞬見やった。あちらは滞りなく進んでいるようだ。

「うーむ、この計算は悪くない。で、このページの下にある注釈は何だ……？　『線形方程式で大事なのはスペクトル解析ではなく、コーシー問題の解である』。そりゃそうだ。つじつまが合う。ずっとそう思ってきたさ。じゃあ、どうやって彼らはやったのだろう……。ふむふむ。フーリエ変換か。どう考えても、この古きよきフーリエ解析よりもいいやり方なんてないしな……。ラプラス変換、分散関係か……」

　まるで外国語を吸収していく子どものように、私は素早く理解し、のめり込み、自分のものにしていった。おごらず謙虚に、物理学者たちが半世紀前から知っている基本的な概念を学んでいった。

　夜になると、屋根裏部屋であぐらをかきながら、ニール・ゲイマンの最新の短篇集『壊れやすいもの』を読みふけり、気分転換をした。この本は発売されたばかりで、まだフランス語には翻訳されていない。ニールいわく、互いに物語を語り合うのは私たちの義務だという。そのとおりだ。コントラバスの天才的な即興演奏の話。かつての恋愛の数々を思い出す年老いた女性の話。よみがえるたびに美食家に供するために料理されてしまう不死鳥の話……。

　床についてからもしばらくの間、目が冴えたままだった。家族全員が同じ部屋で眠っているので、電気をつけることはできない。すると頭の中が錯乱してきた。とても古い壊れやすい銀河が、ゲイマン風に即興で話をし、数学の問題が何度もよみがえっては研究者に調理されるということを延々と繰り返す。星々が私の頭の中に入り

込もうとする。結局、私が証明したいのはどんな定理なのだろう？

*

「ゼベディア」ジャッキーが燃え上がりながらいった。「正直にこたえてくれ。きみはいつから不死鳥を食べているんだ？」
「一万年と少しまえからだ。二、三千年の誤差はあるかもしれんがね。いったんこつを覚えてしまえば、どうってことはない。ただ、こつを覚えるのが大変なんだ。それにしても、これはおれが料理した中で最高の不死鳥だ。いや、おれが料理した中で最高の、こ・の・不死鳥だ、というべきかな？」
「年月！　年月があなたから燃え去っていくのね！」とヴァージニア。
「まあな。だが、食べる前に熱になれておかないといけない。そうしないと、自分まで燃えてなくなっちまう」
「なぜ思い出さなかったのだろう？」オーガスタスが、目のくらむような炎に包まれながらいった。「わたしの父もこうして死んだし、祖父もそうだった。ふたりともヘリオポリスに不死鳥を食べにいって死んだのだ。しかし、なぜいまになって思い出したのだろう？」
（……）
「わたしたち、燃えつきて消えちゃうの？」ヴァージニアがきいた。まばゆいほど白く光り輝いている。「それとも、燃えて子どもにもどって、幽霊や天使にもどって、また生まれてくるの？　まあいいわ。ああクラスティ、すごく楽しい！」

　　　ニール・ゲイマン著、金原瑞人・野沢佳織訳『壊れやすいもの』
　　　　　　　　　　　　　　　　　　　　　角川書店、2009年

*

　フーリエ解析とは、つまり信号の基本周波数成分を調べることである。信号、すなわち時間的に変動する量の解析について考えて

みよう。たとえば、音は気圧の小さな変化によって引き起こされる信号である。*19*世紀初頭の政治家であり、科学者でもあったジョゼフ・フーリエは、この信号の複雑な変化に直接興味をもつのではなく、信号を基本成分、すなわち単純に繰り返し変化する信号成分であるサイン曲線（および、その「双子の兄弟」であるコサイン曲線）の組み合わせに分解することを思いついた。

Joseph Fourier

ジョゼフ・フーリエ

　一つひとつのサイン曲線はそれぞれの振幅と周波数という変数によって特徴づけられる。フーリエ分析では、振幅は、対象となる信号におけるその周波数成分の相対的な大きさを示す。

　したがって私たちの周りで耳にする音は、数多くの周波数成分が積み重なったもので構成されている。*1*秒に*440*回振動する場合、「ラ」の音になり、その音は振幅が大きければ大きいほど強い音が出ているように感じられる。*1*秒に*880*回振動する場合は、先ほどの「ラ」より*1*オクターブ上の「ラ」の音に聞こえる。もとの周波数を*3*倍にすると*5*度上の音、すなわち「ミ」の音になる。しかし実際には、音は決して純粋な単一の周波数成分ではなく、非常に多くの周波数成分が同時に発生することによって音色が決まるのだ。

私はかつて、修士課程にいた頃「音楽と数学」という講座名の刺激的な講義でこれらを学んだ。

フーリエ解析はどんなことにも用いることができる。音を分析するときにも、CDに音を書き込むときにも使われるし、画像を分析するときやインターネットで画像を送るときにも使われる。あるいは海面水位の変化を分析したり、潮の満ち引きを予測したりするのにも用いられる……。

ヴィクトル・ユーゴーはイゼール県のし̇が̇な̇い̇知事であったジョゼフ・フーリエのことを馬鹿にしていた。アカデミーの一員としても政治家としても、彼の栄光など、陽に照らされたら色あせてしまうとまで断言した。その一方で、政治家のシャルル・フーリエを「偉大なフーリエ」と形容し、その社会主義的思想は後世に伝わるだろうと評価した。

シャルル・フーリエがそのような賛辞を堪能したかどうかは、私にはわからない。当時の社会主義者はユーゴーのことを胡散臭いと思っていたからだ。確かにユーゴーは当代きっての偉大な作家であったが、政治的には風見鶏としかたとえようのないご立派な過去の持ち主だった。君主制を支持したかと思えば、ナポレオン主義者になり、それからオルレアン家を、さらには再びブルボン正統王朝を支持した末、亡命を余儀なくされ、結局は共和主義者になった。

実際、私も子どもの頃、ユーゴーの作品をむさぼるように読んだものだ。だが、今、確実に言えることは、このたぐいまれな才能に恵まれた作家に対しては敬意を払いはするものの、ジョゼフ・フーリエがこの世に与えた影響のほうが、ユーゴー自身の影響よりはるかに大きいということである。(熱力学における功績で知られるケルヴィン卿ことウィリアム・トムソンが言ったように) フーリエの「偉大で詩的な数学」は、世界各国で教えられ、毎日数十億̇も̇の̇人̇が意識すらせずにその法則を利用しているのだ。

*

2008年 4月 19日のメモ

式を展開するためには，x, v, t の 3 つの変数に関する変換を用いることになる．まず，次の関係を示す．

$$\widehat{g}(k) = \int e^{-2i\pi x \cdot k} g(x)\,dx \qquad (k \in \mathbb{Z}^d)$$

$$\tilde{g}(k, \eta) = \int e^{-2i\pi x \cdot k} e^{-2i\pi v \cdot \eta} g(x, v)\,dv\,dx \quad (k \in \mathbb{Z}^d, \eta \in \mathbb{R}^d).$$

さらに，次の関係を示す．

$$(\mathcal{L}g)(\lambda) = \int_0^\infty e^{\lambda t} g(t)\,dt$$

(ラプラス変換).

まず，次元 $k \in \mathbb{Z}^d$ を固定する.

ヴラソフ方程式を x に関してフーリエ変換すると次の式が得られる．

$$\frac{\partial \widehat{f}}{\partial t} + 2i\pi(v \cdot k)\widehat{f} = 2i\pi(k\widehat{W}\widehat{\rho}) \cdot \nabla_v f_0(v).$$

デュアメルの公式から次の結果が導かれる．

$$\widehat{f}(t, k, v) = e^{-2i\pi(v \cdot k)t}\widehat{f_i}(k, v) \\ + \int_0^t e^{-2i\pi(v \cdot k)(t-\tau)} 2i\pi\widehat{W}(k)\widehat{\rho}(\tau, k)\,k \cdot \nabla_v f_0(v)\,dv.$$

v で積分すると

$$\widehat{\rho}(t, k) = \int \widehat{f}(t, k, v)\,dv \\ = \int e^{-2i\pi(v \cdot k)t}\widehat{f_i}(k, v)\,dv + \int_0^t 2i\pi\widehat{W}(k) \\ \times \left(\int e^{-2i\pi(v \cdot k)(t-\tau)}\,k \cdot \nabla_v f_0(v)\,dv\right) \widehat{\rho}(\tau, k)\,d\tau.$$

となる．

(v による積分が意味をもつか考えなければならない……しかし,最初の時点ではデータは速度のコンパクトな台の上で定義されていて,そこから発展すると考えていいはずだ.あるいは途中で打ち切ってしまうか)

右辺の 1 番目の項は $\tilde{f}_i(k, kt)$ 以外にありえない(自由輸送の均質化のためにすでに同じアイディアが使われている……).

f_0 に関する弱い仮定のもと,すべての $s \in \mathbb{R}$ に対して,次のように書くことができる.

$$\int e^{-2i\pi(v \cdot k)s} k \cdot \nabla f_0(v)\, dv = +2i\pi|k|^2 s \int e^{-2i\pi(v \cdot k)s} f_0(v)\, dv$$
$$= 2i\pi|k|^2 s \tilde{f}_0(ks).$$

したがって,

$$\widehat{\rho}(t, k) = \tilde{f}_i(k, kt) - 4\pi^2 \widehat{W}(k) \int_0^t |k|^2 (t-\tau) \tilde{f}_0(k(t-\tau)) \widehat{\rho}(\tau, k)\, d\tau.$$

となる.

次のように書くと

$$p_0(\eta) = 4\pi^2 |\eta| \tilde{f}_0(\eta).$$

(ここに 4π を入れるのがアイディアとしてよいのか自信がない……).いくつかのケースでは(たとえばマクスウェル分布である f_0 の場合)p_0 は正であるが,一般的にそうなるとは限らない.いくつかのことを注意しておこう.たとえば,もし $f_0 \in W^{\infty, 1}(\mathbb{R}^d)$ ならば,p_0 は急速に減少する.もし f_0 が解析的であるならば,p_0 は指数関数的に減少するなど……最終的に次の式が得られる.

$$\widehat{\rho}(t, k) = \tilde{f}_i(k, kt) - \widehat{W}(k) \int_0^t p_0(k(t-\tau)) \widehat{\rho}(\tau, k)\, |k|\, d\tau.$$

すべてが *well-defined* であるとしてラプラス変換を行うと,$\lambda \in \mathbb{R}$ として次の式が得られる.

$$(\mathcal{L}\widehat{\rho})(\lambda, k) = \int_0^\infty e^{\lambda t} \tilde{f}_i(k, kt)\, dt - \widehat{W}(k)$$
$$\times \left(\int_0^\infty e^{\lambda t} p_0(kt) |k|\, dt \right) (\mathcal{L}\widehat{\rho})(\lambda, k);$$

以上の結果,次のようになる.

$$(\mathcal{L}\widehat{\rho})(\lambda, k) = \frac{\displaystyle\int_0^\infty e^{\lambda t} \tilde{f}_i(k, kt)\, dt}{1 + \widehat{W}(k)\, Z\left(\dfrac{\lambda}{|k|}\right)},$$

ただし,以下のように記号を定めた.

$$Z(\lambda) = \int_0^\infty e^{\lambda t} p_0(te)\, dt, \qquad |e| = 1.$$

第 5 章

2008 年 8 月 2 日、京都

　蟬の耳障りな声はやんだとはいえ、修学院にある国際交流会館では、夜中でもなお息苦しいほどの暑さが続いていた。

　その日、私は一日じゅう、世界十数カ国からやってきた研究者や学生といった、シンポジウムの参加者たちに向けて一連の講義を行った。講義は好評だった。（1 分の誤差もなく）予定通りの時刻に始め、（1 分の誤差なく）予定通りの時刻に終えた。この国ではルーズな時間割など論外なので、先週乗った北海道行きのフェリー並みに時間に正確であるよう心がけたのだ。

　夜になって宿舎に戻ると、子どもたちにコラコの冒険の続きを聞かせてやった。コラコとは、ある日両親に置き去りにされてしまい、長い旅に出ることになった日本の小さなカラスだ。まだとても若いのに師匠のようなアルチュールと一緒に、秘密の暗号を探しながら、フランスのサーカスやエジプトのアラブ風のバザールに紛れ込む……。私は即興でどんどん続きの話を作っていく。娘はこの物語を「おとぎ話だ」と言って気に入っているが、語り部である私のほうもどきどきする。

　子どもたちは眠りにつき、めずらしく私も、彼らをお手本にして横になった。前途を嘱望される若手研究者たちに数学のおとぎ話を聞かせ、それから子どもたちのためにカラスのおとぎ話を作ったのだから、自分にもおとぎ話を聞かせてやってもいいだろう。私の脳は突拍子もない夢の世界へと乗り出していった。

　夢物語が暴走し始めると、私はびくっと飛び上がるようにして起きた。時計は朝の 5 時半を少しまわっていた。ほんの 1 秒の何分の 1 かの間に、ここはどこ？　と自問してから我に返ると、私はパソコンへ向かい、朝のぼんやりとした頭の中に残る夢の断片があとか

たもなく消えてしまわないように記録し始めた。わけのわからない夢が私を気分よくさせている。脳が元気な証拠だ。私の夢はダビッド・ベー〔訳注：フランスの漫画家。自身の夢を扱った作品が多い〕が描くバンド・デシネほど錯乱した世界ではないものの、すっかりリラックスできる程度にはひねくれている。

　ここ数カ月、私はランダウ減衰を保留にしていた。証明するという意味ではどのような形であれ進んでいない。だが今、私は一つの壁を乗り越えた。自分が何を証明したいのかがはっきりしたのだ。

　——空間的に周期的で、安定平衡に近い非線形ヴラソフ方程式の解は、自ずと別の平衡状態へと進むということを証明する。

　観念的な主張だが、現実にしっかり根を下ろしている。実用的で、かつ理論の上でも大きな重要性を併せもつテーマである。口に出して言う分には単純に聞こえるが、おそらく証明するのは難しい問題だろう。よく知られているモデルについて、独自の質問を立てよう。すべてが私をわくわくさせる。頭の片隅にこの問題をキープし、9月になったら取り出そう。

　質問に対する（はい／いいえ形式の）答え以上に、この証明が実り多いものとなりますように！　数学の世界とは、犯罪小説や刑事コロンボの事件の中にいるようなものだ。刑事や探偵が殺人者を追い込んでいく推理の過程は、事件の解決そのものと同じぐらい重要である。

　というわけで、それまでの間、私はやりたいと思っていた別のことに専念することにした。2年前に書いた論文に付録を加えるのだ。運動方程式とリーマン幾何学を組み合わせた私の研究をさらに進めよう。こうして、私は日本の夏の長い夜を「準楕円型方程式の局所的な正値性の評価」と「フォッカー－プランク方程式にしたがう運動とリーマン幾何」の狭間で過ごしたのだった。

最適輸送理論

と幾何

2008 年 7 月 28 日 — 8 月 1 日、京都

セドリック・ヴィラーニ

リヨン高等師範学校 (ENS Lyon)
& フランス大学研究院 (IUF)
& 日本学術振興会 (JSPS)

講義の予定 (全 5 章)

- 基礎理論
- Wasserstein 空間
- 等周/ソボレフ 不等式
- 測度の集中
- 4 次の曲率条件の安定性

ほとんどの場合は命題を述べるのみ，証明の概略を示す場合もあり．

双対カントロヴィチ問題のグロモフ–ハウスドルフ安定性

- $(\mathcal{X}_k, d_k) \xrightarrow[k\to\infty]{GH} (\mathcal{X}, d)$ via ε_k-isometries $f_k : \mathcal{X}_k \to \mathcal{X}$
- $\mathcal{X}_k \times \mathcal{X}_k$ 上で $c_k(x,y) = d_k(x,y)^2/2$
- $\mu_k, \nu_k \in P(\mathcal{X}_k) \quad (f_k)_\# \mu_k \xrightarrow[k\to\infty]{} \mu, (f_k)_\# \nu_k \xrightarrow[k\to\infty]{} \nu$
- $\psi_k : \mathcal{X}_k \to \mathbb{R}$ は c_k-凸で，$\psi_k^{c_k}(y) = \inf_x [\psi_k(x) + c_k(x,y)]$,

としたとき $\sup \left\{ \int \psi_k^{c_k} \, d\nu_k - \int \psi_k \, d\mu_k \right\}$ を達成．

このとき 部分列をとると $\exists a_k \in \mathbb{R}$ s.t. $(\psi_k - a_k) \circ f'_k \xrightarrow[k \to \infty]{} \psi$, となり,

ψ は c-凸で $\sup \left\{ \int \psi^c \, d\nu - \int \psi \, d\mu \right\}$ を達成する.

さらに $\forall x \in \mathcal{X}, \limsup\limits_{k \to \infty} f_k \Big(\partial_{c_k} \psi_k(f'_k(x)) \Big) \subset \partial_c \psi(x).$

*

コラコ (後で書きとめたあらすじの抜粋)

　コラコはここぞとばかりに、丸くてくさい球を隠れ家に投げ入れました。その隠れ家にはまだ、コラコがサーカスで過ごした何年もの間に建てられた塔がありました。においはますますひどくなり、門番も気分が悪くなってきました。そこで、ハマドとチチューンは通気口を砂で埋めることにしました。

　しばらくすると、合図の叫び声が聞こえてきました。縄は引きちぎられ、隠れ家は壊されます。ハマドはそこにいた全員をたたきのめしました……（以下、終末論的な長い描写が続く）。すると、アルチュールのお父さんと、運悪く一緒に連れていかれた人が見つかりました。誘拐犯は、お父さんに機密文書について口を割らせようとしたのです。その古い文書にはミイラを生き返らせる秘密が書かれていて、一緒にいた人もお父さんと同じ古代エジプト学者で、ヒエログリフの専門家でした。

　悪ものはみんな捕らえられて、へんじんさんの家に連れていかれました。へんじんさんは、悪ものどもに、誰が親玉か白状しなかったら拷問にかけるか皆殺しにするぞと脅かしてから、取り調べを始めました。コラコはアルチュールのお父さんの態度を見て、なんだか落ち着かなくなりました。不思議なことに、お父さんはこんな場所にいても平気でいます。それに、昔ここに住んでいたかのように、どこに何があるのかがわかっているのです。そこでコラコは、

こっそりと隠れて取り調べの様子をのぞくことにしました。すると、びっくりしました。へんじんさんとアルチュールのお父さんは知り合いだったのです。翌日、コラコは、この気がかりな知らせを伝えるために、アルチュールに会いにいくことにしました。

*

2008年8月2日の夢（メモ）

　私は歴史映画の登場人物であり、王族の一員でもある。夢の中では、歴史の一場面が繰り広げられている。映画に登場すると同時に歴史にも参加しているので、ナレーションが同時にいくつも聞こえてくる。だが、王子は本当についていない。四六時中やっかいごとに巻き込まれる。民衆、マスコミ、大きなプレッシャー。国王＝小細工を弄する王女の父親。金の話や二枚舌の息子たち。あまり自由もない。私はルモンド紙の1面トップの記事をとりあげて毒づく。やつらはまた政策でポカをやらかした。だが世界的に大きな懸念となっているのは、原料価格の上昇だ。たとえば北欧諸国。歳入の主要部分が輸送業関連なので、特にアイスランドやグリーンランドは苦しんでいる。目下のところ改善策はない。私は、パリに行くかもしれないとコメントする。ともかく有名スポーツ選手に会うのだ。本物のセレブというのはスポーツ選手だ。私はそっと、自分の子どもたちを映しているホログラムをたたく……。だが、集団自殺が決定した。そのときがやってきて、私は、果たしてみんなそろっているのだろうかと自問する。私の子どもの一人を演じるヴァンサン・ベファラ〔訳注：フランス人若手の数学者〕がいない。今の彼はもう、この役には合わなくなってしまった。撮影が長く続いたので、ヴァンサンは大人になってしまったのだ。終盤は2度ほど、ヴァンサンの代わりに同じ役者を使う。残っているのは大した台詞のないシーンなので、その子役はうまくやってくれる。私はとても感動したので、いよいよ作戦を開始することにする。壁の絵とポスターを見つめる。

随分昔のもので、そこにはいくつかの修道会に対する迫害が描かれている。処刑場に行く前に、お互いの髪の毛でくくりつけられながら、つながれていく修道女たちの姿。明らかに違う二つの修道会の修道女だというのに同じようにされる。ある修道会の修道女たちは、信仰だけを理由に一様に殺される。だから、彼女たちだけはつながれた髪をほどかなければならないのに。また「分離派の賛辞」などという題の絵もある。一種の怪物の姿をした警官が、漠然と抗議していたデモ参加者たちをいきなりとらえる様子を描いたものだ。私はクレールに最後のキスをする。二人ともひどく感情的になっている。そろそろ朝の5時、家族全員が集まってくる。道路課のお役人に電話しないと。声色を変えて爆薬が必要だと説明し、ここに送ってくれても構わないと伝える。もし注意事項とか何かを言われたら、こういう風に言う（英語で）。「それはどうも。私は精神科の隔離病棟から出てきたばかりなんです（私に爆薬を与えたら危険、とほのめかす）」。相手はそれを冗談だと思って、そっくり爆弾を送ってよこす。そしてすべてを吹き飛ばす。予定ではこれらすべてが起こるのが5時半。代替現実でこのまま人生を続けるか、別の方向にトライしてみるか、あるいは赤ん坊として生まれ変わるか、私の意識が再び浮かび上がってくるまで、混沌とした状態のなかで何年も過ごすか……、そう自問する。かなり不安になる。（現実の時間で）5時35分に起床！

第6章

2008年秋、リヨン

昼も夜も
　　問題とともに
　　　　過ぎていく

エレベーターなしの6階にある私の家でも、書斎でも、ベッドの中でも……。

肘掛け椅子に体を沈め、毎晩毎晩、紅茶を飲み、おかわりし、さらにおかわりし、正攻法で探し求め、裏技を頼りにし、ちまちまとあらゆる可能性を書き出し、それに応じて答えのない行き止まりを片っ端からつぶしていく。

10月のある日、ヤン・グオのかつての教え子である韓国人数学者の女性が私宛てにランダウ減衰に関する原稿を送ってきた。「非線形ランダウ減衰問題における指数関数的に減衰する解の存在について」という表題がついている。私が編集をしている雑誌に発表してもらえるかどうか読んでほしいとのことだった。

それを見た私は、一瞬、彼女と共同研究者が、私があれほど気にしていた結論を導き出したのかと思った。「彼女たちは、平衡状態へ自ずと緩和していくヴラソフ方程式の解を構成したらしいぞ！」私はすぐさま編集長に宛てて、この原稿は私の研究と競合するので、受け持つことはできないと書き送ろうとした。

ところが、もう少し丁寧に読んでみると、彼女たちは思い違いをしていることがわかった。というのも、彼女たちは減衰する解がいくつか存在することを証明してみせたにすぎなかったからだ。ここで証明しなければならないのはすべての解が減衰するということだ。減衰する解がいくつか存在することしかわからないのなら、ある解が減衰する解なのかは決してわからない……そのうえ、すでに10

年前に二人のイタリア人研究者の論文で、かなりこれに似たものが発表されている。彼女たちはこの先行研究の存在を知らないようだ。

ということは、この問題の謎はまだ解けていない。そもそも、もしこんなに簡単に解けるのだとしたらがっかりだ！ 30ページほどで、論文としてはよいレベルにあるが、この程度ならさほど難しくない。心の奥で、この問題を解くには完全に新しい方法が必要であり、それこそが、私たちにこの問題についての新しい視点をもたらすと確信した。

「新しいノルムが必要だな」

数学用語で「ノルム」と呼ぶのは、われわれが興味のあるものの量を測るために定める計算の方法を指す。たとえば、ブレストとボルドーにおける降水量を比較しようとする場合、1日の最大降水量を比較すべきか、それとも1年間の積算降水量を比較することが必要なのか。最大降水量を比較したい場合には、L^∞ というかわいらしい見た目の無限大ノルムを用いる。積算降水量を比較する場合、L^1 と呼ばれる別のノルムが使われる。その他にも数多くのノルムが存在する。

「ノルム」と呼ぶためには、いくつかの性質を確認しなければならない。たとえば二つの項の和のノルムは、各々の項のノルムの和と等しいか、もしくはそれより小さくなければならない。こうした条件を課しても、それらを満足するノルムとして数多くの選択肢が残されている。

「いいノルムを設定しなければいけないな」

100年以上前からノルムという概念は定式化されており、数学者たちは、それはもうたくさんのノルムを生み出してきた。リヨン高等師範学校で私が2年目にもった授業でも、ノルムばかりを扱っていた。ルベーグやソボレフ、ヒルベルト、ローレンツ、ベゾフ、ヘルダーのノルム、マーシンキウィッツやリゾルキンのノルムである。それぞれが、L^p、$W^{s,p}$、H^s、$L^{p,q}$、$B^{s,p,q}$、$\mathcal{H}^\alpha$、M^p、$F^{s,p,q}$ となる。他にも私が知っているノルムはいろいろある。

しかしながら今回は、私が知っているノルムのうち何一つとして

しっくりくるようには思えなかった。したがって、新たなノルムを引っ張り出さなければならない。数学というシルクハットの中から手品で鳩を取り出すようにしてみせなければならないのだ。

「『理想のノルムは、恒等関数と合成するとほぼ安定し……ヴラソフ方程式の長い時間の発展に適したフィラメンテーションを享受するものでなければならなくなるだろう』だと？　なんてこった！そんなこと、ありえるのだろうか。重みつきで上限を取ろうとしていたけれども、もしかしたら遅延を導入しなければいけないのだろうか……？　先日クレマンとは、過ぎ去った時間の影響を反映する必要があり、自由輸送の解と比較しなければならないと話し合った。OK。私だってそうしたい。だが、どの方向で比較をしなければいけないのだろう？」

　別の日のことだった。アリナック-ジェラールの概論の再読中に、ある練習問題に目が留まった。あるノルム W が代数的ノルムであることを証明しろという問題だ。これはつまり、2項の積のノルム W は、これら2項それぞれのノルム W の積以下となることを意味する。昔からこの練習問題は知っていたが、こうして再び目にしてみると、これが私の問題に役に立つかもしれないと思えてきた。

「まあ、そうだな。けれども上限を置くと0における評価値が変わってしまう。いや、そもそも積分を変えないと。それから位置の変数に関することがうまくいかないだろう。そうするともう一つ代数的ノルムが必要となる……フーリエ変換を使ってみるとか？　それとも……」

　11月19日、試行錯誤を繰り返した末に、ノルムではないかと思われるものを見つけた。当時は毎晩のように、紙がまっ黒になるほど書き付けては、その結果をクレマンに送っていた。今やマシンは回転を始めていた。「セデュラック、ゴー！」

*

　D が $\mathbb{C}$ における単位円板とし、$W(D)$ が次の式を満たす D 上の

正則関数の空間だとする．

$$\|f\|_{W(D)} = \sum_{n=0}^{\infty} \frac{|f^{(n)}(0)|}{n!} < +\infty.$$

$f \in W(D)$ であり，D 上で f のとる値の近傍で g が正則ならば，$g \circ f \in W(D)$ であることを証明せよ．ヒント：$\|h\|_{W(D)} \leq C \sup_{z \in D} \bigl(|h(z)| + |h''(z)|\bigr)$ となるため $W(D)$ は多元環であるとわかる．$f_2(z) = \sum_{n>N} \frac{f^{(n)}(0)}{n!} z^n$ として $f = f_1 + f_2$, と表す．ここで，N は，$\sum_{n=0}^{\infty} \frac{g^{(n)}(0)}{n!} f_2^n$ が well-defined で，$W(D)$ において収束するように十分大きくとる．

S. アリナック & P. ジェラール
『擬微分作用素とナッシューモーザーの定理』
（第 3 章、練習問題 A.1.a）より

*

Date: 2008 年 11 月 18 日（火）10：13：41 +0100
From: クレマン・ムオ <clement.mouhot@ceremade.dauphine.fr>
To: セドリック・ヴィラーニ <Cedric.VILLANI@umpa.ens-lyon.fr>
Subject: Re: 日曜日、IHP

送っていただいたメールに今、気がつきました。後で詳しく読みます。安定性理論の枠組みで、例の輸送問題の解にちょっと摂動を加えて解析的に解いてしまおうと一か八かでトライしているんですよ！ どうなったかまた連絡しますね！ クレマン

Date: 2008 年 11 月 18 日（火）16：23：17 +0100
From: クレマン・ムオ <clement.mouhot@ceremade.dauphine.fr>
To: セドリック・ヴィラーニ <Cedric.VILLANI@umpa.ens-lyon.fr>
Subject: Re: 日曜日 IHP

タオのペーパー（といっても彼のブログに載せてあったレジュメな

んですけどね）を見てから、弱乱流と非線形シュレディンガー 3 次方程式の 2 次元トーラス上の散乱理論について、なんとなく気がついたことがあります。

タオによる弱乱流の定義は：「周波数を変数とした無限時間における質量の染み出し」となっています。一方、強乱流の定義は：「周波数を変数とした有限時間における質量の染み出し」です。彼は自分の方程式のために予想を次のように定式化しました：予想。＊（弱乱流）どのような s>1 に対しても t\to \infty で、\|u(t)\|_{H^s({\Bbb T}^2)}が無限大に発散するような (1) 式の滑らかな解 u(t,x) が存在する。

われわれが構成しようしている解（自由輸送に使うのだから、x による導関数は実際には発散してしまいますが）のためにも、これが証明できるかどうか注目する必要がありますね。われわれのケースのように、彼らもトーラスによる閉じ込めをやることが必要だからです。おそらく、そうすれば実数の x へ大部分がばらまかれることなくこの現象を見ることができるのでしょう。一方、僕にとってよくわからないのは、彼がこの現象が非線形性によるものであり、線形の場合では見られないと主張している点です。われわれの問題では、線形の場合、すでにこの現象があるように思えるのですが……。

それではまた。クレマン

Date: 2008 年 11 月 19 日（水）00：21：40 +0100
From: セドリック・ヴィラーニ <Cedric.VILLANI@umpa.ens-lyon.fr>
To: クレマン・ムオ <clement.mouhot@ceremade.dauphine.fr>
Subject: Re: 日曜日 IHP

さて、今日はここまでやっておいた。「評価」というファイルにいくつかコメントを加えたのと、1 節はカットした。なんだか陳腐な感じになってしまったので。それから、いろいろなファイルにばら

ばらになっていた評価を、ざっと目を通せるように全部同じ一つの
ファイルに入れ直した。

どんなノルムについて取り組まなければいけないのか、まだきちん
と詰めていなかったと思う。

・一様な場のケースでは、\rho 上の方程式は時間以外では積分でき
ない（！）。われわれは\Om を合成するという操作をしても__安
定__であるようなノルムの範囲で考えていかなければならないとい
うことだ。

・指数関数的な減衰を解析するためには、フーリエ変換が必須だと
思える。それなしでは、どうやって直接指数を収束させればいいの
か私にはわからない。とはいえ、それ抜きでも、むろんできないこ
とはないと思うが。

・動く変数は（x,v）であり、 \rho のフーリエ変換は \eta に
関してディラック関数となる。必要となるのは k に関して L^2 的
で \eta に関して L^1 的な解析的なノルムだという感じがする。

・しかし、合成は L^1 タイプの空間では決して連続とならないこ
とは間違いない。したがって、これではないはず。ここはちゃんと
頭を使わないといけない。おそらく\eta を「積分」することから
始めないといけないだろう。すると残るは変数 k に関して解析的な
L^2 の類のノルムということになるだろう。

結論：私たちはもっと頭を使わなければならなくなるね。

続きは別メールで。

セドリック

```
Date: 2008 年 11 月 19 日（水）00 : 38 : 53 +0100
From: セドリック・ヴィラーニ <Cedric.VILLANI@umpa.ens-lyon.fr>
To: クレマン・ムオ <clement.mouhot@ceremade.dauphine.fr>
Subject: Re:   日曜日 IHP
```

On 2008 年 11 月 19 日 0 時 21 分 セドリック・ヴィラーニ wrote:
>結論：私たちはもっと頭を使わなければならなくなるね。

さて、私の印象では、この状況を打開して定理を証明するには、\eta を変数とみなし、Omega による合成がフーリエ変換（質量は損失しないこと）に関する解析的な L^2 ノルムに対して連続性をもつことが必要になる。というわけで、また明日 (^_^)

```
Date: 2008 年 11 月 19 日（水）10 : 07 : 14 +0100
From: セドリック・ヴィラーニ <Cedric.VILLANI@umpa.ens-lyon.fr>
To: クレマン・ムオ <clement.mouhot@ceremade.dauphine.fr>
Subject: Re:   日曜日 IHP
```

一晩寝てみてわかった。あれは 非 現 実 的 だ。Omega を合成してしまうと、必 然 的 に lambda に関して少し損をしてしまう（すでに Omega = (1-epsilon) Id のケースがそうだ）。したがって、見かけに左右されずに、うまくはまる方法を考えないといけないだろうな。
それでは……。
セドリック

```
Date: 2008 年 11 月 19 日（水）13 : 18 : 40 +0100
From: セドリック・ヴィラーニ <Cedric.VILLANI@umpa.ens-lyon.fr>
To: クレマン・ムオ <clement.mouhot@ceremade.dauphine.fr>
Subject: 差し替え
```

最新のファイルを添付する。3節に、3.2節をつけ加えた。この箇所で、電話で話したことに関係する明らかな問題点について検討している。つまり、変数の変化のせいで起こる関数空間の損失という問題についてだ。結論としては、損失していないということ。だが、変数の変化に関する評価を非常に厳密にやらないといけないだろう。
セドリック

Date: 2008年11月19日（水）14：28：46 +0100
From: セドリック・ヴィラーニ <Cedric.VILLANI@umpa.ens-lyon.fr>
To: クレマン・ムオ <clement.mouhot@ceremade.dauphine.fr>
Subject: 差し替え

3.2節の最後に、新たに書き加えた。これで、ずいぶんうまく説明できたような感じがする。

Date: 2008年11月19日（水）18：06：37 +0100
From: セドリック・ヴィラーニ <Cedric.VILLANI@umpa.ens-lyon.fr>
To: クレマン・ムオ <cmouhot@ceremade.dauphine.fr>
Subject: Re： 差し替え

この5節は間違っていると思うよ！ 君が「べき乗と階乗を分配して……」と書いたところから後が問題だ。それに続く一文はいいと思うが、その下の式にある添え字が対応していない。

（$N_{k-i+1}/(k-i+1)!$ は $N_k/k!$ となるはずで、$N_k/(k+1)!$ にはならない！）

実際のところ、この結論は少し強引すぎるような気がする。要素を恒等式で近似しても、解析的なノルムの次数は変えない、と言いたいのだろうというのはわかる。でも私は、何か次のような方向性で行くべきだと思う。

たとえば

\|f\circ G\|_\lambda \leq const.
\|f\|_{\lambda \|G\|}\|G\|

この通りでなくても、このような形の何かだ。

ではまた。
セドリック

Date: 2008年11月19日（水）22：26：10 +0100
From: セドリック・ヴィラーニ <Cedric.VILLANI@umpa.ens-lyon.fr>
To: クレマン・ムオ <cmouhot@ceremade.dauphine.fr>
Subject: グッドニュース

添付した差し替え版で、バグがあった5節を変更した（必要ならばいつでも元に戻していい）。代わりに、前回と同じ解析的変動を用いて合成を計算した。合成に関しては夢の中にいるかのように今度はうまくいったと思う（以前私が提案した式はよくなかったが、結局もっと簡単で同じような式になった）。

それではまた。セドリック

Date: 2008年11月19日（水）23：28：56 +0100
From: セドリック・ヴィラーニ <Cedric.VILLANI@umpa.ens-lyon.fr>
To: クレマン・ムオ<cmouhot@ceremade.dauphine.fr>
Subject: グッドニュース

さらに新しい差し替え版を添付した。標準的に使う計算が、合成の法則（5.1節）によって示唆されるノルムでも成り立つかを確かめた。前に比べてほんの少しだけ複雑になったが、同じ類の結果が出ると思う。今日はここまで。
セドリック

第 7 章

2008 年 12 月 4 日、ブルゴワン・ジャイユー

　夜の闇からいきなり現れたヘッドライトのまぶしさに私は目を細めた。駐車場の出口にいた私は車に近づく。3 回目の挑戦だ。
「すみません、リヨンへいらっしゃいますか？」
「ええと……はい、行きますけど」
「私も連れて行っていただけませんでしょうか？　この時間になると、もう列車がないんです！」
　運転席の女性はコンマ 1 秒ためらったが、同乗者たちを一瞬見やると、私に後部座席に乗るようにうながした。座らせてもらう。
「本当にどうもありがとうございます！」
「コンサートにいらしたんでしょう？」
「そうです、そうなんですよ。素晴らしかったでしょう？」
「ええ、よかったですね」
「テット・レッド〔訳注：フランスのロックバンド。バンド名は『石頭』の意〕の 20 周年記念なんですよ。どうしても行きたかったんです！　でも私、運転が嫌いでして、列車でここまで来ました。帰りはヒッチハイクすればきっとリヨンの人が乗せてくれるだろうと思いながら」
「もちろんですよ。ご心配なさらないでください。息子を乗せてきたんです。それからもう一人、あなたの隣に座っているのが息子の友だちです」
　それはそれは、みなさんはじめまして……。
「飛び跳ねて踊るのも大変じゃなかった。会場が広かったので、足を踏んだり踏まれたりすることもなくて、ゆったりしたものでした」
「そうですね。それなら女の子たちが文句を言うこともないでしょう」
「おや、でも、はじけるのが好きな女の子たちもいますよ！」

私はピアスをした魅力的なパンク少女を思い出してノスタルジーに浸っていた。エネルギーに満ちあふれたその女の子が、ピガール〔訳注：フランソワ・アジ＝ラザロが率いるフランスのロックバンド〕のコンサートのとき、ぴょんぴょん飛び跳ねたはずみに私の腕の中に飛び込んできたときのことを。
「そのクモ、素敵ですね」
「ええ、いつもクモをつけているのが私のスタイルなんです。リヨンの店に特注で作ってもらったんですよ。アトリエ・リベリュールって言いましてね」
「ミュージシャンなのですか？」
「いいえ！」
「じゃあ、美術系？」
「数学者です！」
「えっ？　数学者ですか？」
「ええ、そうです……そういう職業があるんです！」
「でも何に関して研究しているんですか？」
「うーむ……本当にお知りになりたい？」
「ええ、どうしてです？」
「では、お話ししますが、茶化さないでくださいね！」
　息を大きく吸った。
「私は、完備で局所コンパクトな測度距離空間において下界をもつリッチ曲率の構成的概念を作りました」
「はあ!?」
「冗談ですか？」
「とんでもない。業界ではかなり反響が大きかった論文なんです」
「もう一回言っていただけますか？　すごすぎですよ！」
「ではもう一度。私は、完備で局所コンパクトな測度距離空間において下界をもつリッチ曲率の構成的概念を作りました」
「うひゃあ！」
「で、それって何の役に立つんですか？」
　ようやく和やかな雰囲気になった。では、始めることにしよう。

私は時間をかけて説明した。とにかく話し、難解だという先入観を取り除こうとした。アインシュタインの相対性理論と光線を反らす曲率について。非ユークリッド幾何学のかなめである曲率について。正の曲率の場合、光線は互いに近づく。負の曲率の場合、光線は互いに離れていく。曲率とは光学用語によって説明されるが、統計物理学でも説明可能だ。密度、エントロピー、乱雑さ、運動エネルギー、最小エネルギー……といった言葉を使うのである。私は共同研究者たちとともにこれらのことを発見した。ではハリネズミのようにトゲトゲのある空間のなかでは曲率とはどのように説明されるだろう？　最適輸送に関する問題は、工学、気象学、情報科学、幾何学の分野でみられるもので、それについての私の著作は1000ページにおよぶ。何キロも道を走り抜けるにつれて、私はますます雄弁に語った。

「さあ、リヨン市内に入りましたよ。どこでお降りになりますか？」

「私は1番街に——いわゆる学生街に住んでいます！　ですが、ご都合のよろしいところで降ろしてください。その先はなんとかなりますので」

「ご心配なく。ご自宅までお送りしますので、道順を教えてください」

「それはすごくありがたいです。おいくらですか。せめて有料道路代を払わせてください」

「いえいえ、結構ですから」

「ありがとうございました。本当にご親切にしていただいて」

「降りる前に、何か一つ数式を私に書いていただけませんか？」

*

C. Villani, *Optimal transport, old and new*, Springer-Verlag, 2008（C. ヴィラーニ『最適輸送の過去と現在』シュプリンガー刊、2008 年）から抜粋した 2 つの図

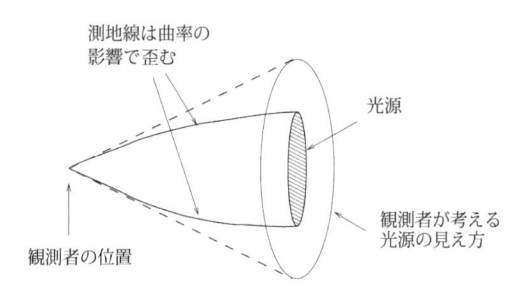

図 7.1　歪み係数のもつ意味について。正の曲率の影響により観測者は光源の表面を大きめに見積ってしまう。曲率が負となる世界では逆の現象が起きる。

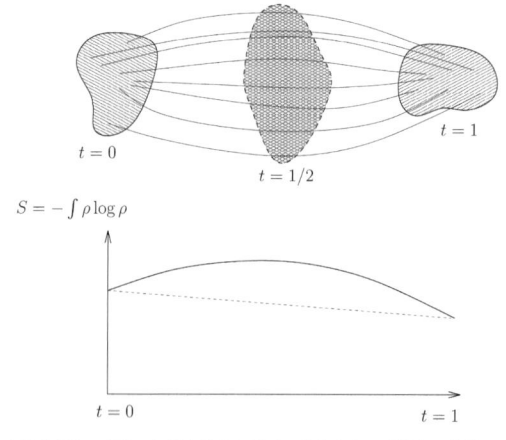

$$S = -\int \rho \log \rho$$

図 7.2　無駄を嫌う気体の実験。無駄を嫌う気体は、最も少ない手続きで状態 0 から状態 1 に移る。曲率が非負の世界では、数多くの粒子の軌跡はいったんばらばらになり、その後収束する、したがって、途中では気体の密度は低くなることがある（エントロピーは大きい）。

第 8 章

2008 年 12 月 25 日、ドローム県のある村

クリスマスの家族の集い。このころまでにかなり進展があった。

PC 用の四つのファイルは、研究が進むにつれ、同時に更新される。これらの中に、ランダウ減衰について私たち二人が理解したすべてが詰めこまれているのだ。意見交換し、完成させ、訂正し、再び作業し、コメントをあちこちにつけた四つのファイル——**NdCM** はクレマンのコメント、**NdCV** はセドリック、つまり私のコメントの頭文字をとっている。数学者にとっての師のような存在、クヌース氏が開発した $\TeX$ という言語で書かれたファイルは、私たちの作業に素晴らしく適している。

しばらく前に私はクレマンにリヨンで再会していた。そのとき、私がこれらのファイルの一つに書いた次のような不等式を、彼はけなしたのだ。
$$\|e^{if}\|_\lambda \leq e^{\|f\|'_\lambda}.$$
なぜこんなことを私が断言できるのか、さっぱり理解できないとクレマンは言い切った。私も、自分が考えたこと以上の大風呂敷を広げてしまったと認めざるを得なかった。あのときはこの不等式が自明だと思えたが、こうしてじっくり見直してみると、何のためにこれを書いたのかがわからなかった。どうしてこれが当たり前のことだと思えたのか、その理由がもはやわからなかった。

いまだに私は、あのときなぜ不等式を持ち出そうとしたのかわからない。だが、その式がなぜ真であるかはわかっている! ファー・ディ・ブルーノの公式のおかげだ。

16 年前パリ高等師範学校で、微分幾何学の教授が、合成関数の逐次微分をもたらすこの公式を私たち学生に紹介してくれた。あまりにも複雑だったので、学生はどっと笑い、教授はがっかりした様

子で、少し自嘲気味に謝った。「笑わないでください。これはとても役に立つんですよ!」

教授は正しかった。この公式は役に立つ。私の謎の不等式の正しい裏付けになるのだから!

というわけで、何でも長い目でとらえたほうがいい。「この16年間、この式はおよそ平凡とはいえない名前がついているのにその名前すら忘れてしまうほど、私には何の役にも立たなかった」と(ボルツマン、クヌース、ランダウが集まる前で)私は断言できる。

だが、頭のどこか片隅にこの公式が残っていたのだ。合成関数の微分を得るために何か公式があったはず……。グーグルとウィキペディアを使うと、あっという間に公式の名前と公式そのものが見つかった。

ともかく、ファー・ディ・ブルーノの公式を思い出したことがきっかけで、私たちの研究が思いもよらない組み合わせによる意外な展開を見せるようになった。私のメモは、普段はヴァイオリンの表に開いたf字孔(つまり、積分記号 $\int$。あまりにもたくさんこの記号を書いたので、ちょっと集中しただけで自動的に積分記号が頭に浮かぶようになった!)でいっぱいなのだが、今度ばかりは、括弧で閉じられた指数(つまり、$f^{(4)} = f''''$ といった高次微分)と感嘆符(つまり、$16! = 1 \times 2 \times 3 \times \cdots \times 16$ のような階乗記号)がはびこるようになった。

実際、私はひとり考え事をしていた。子どもたちがワクワクしながらクリスマスプレゼントを開けている間、私はツリーにぶら下げる丸い玉のように、関数の指数をゆらゆらさせ、たくさんの逆さになったろうそくのように、階乗記号を一列に並べていたのだ。

*

ドナルド・クヌースは情報科学の生ける神のような存在だ。ある友人がこんなことを言っていた。「彼なら学会の途中で会場に入って行っても、そこにいる人はみなそろってひざまずくだろうね」と。

スタンフォード大学教授であったが、早期退職したクヌースは、代表作である *The Art of Computer Programming* シリーズの完成に向けてすべての時間を費やすため、電子メールのやりとりを一切断ったという。50 年前に第 1 巻が発表されたこのシリーズは、すでに数巻を重ねており、コンピュータプログラミングに変革を起こした。

Donald Knuth

ドナルド・クヌース

これらの素晴らしい著書を出版した際、クヌースは、市場に出ているソフトウェアを用いて書かれた数式の表記の質があまりにお粗末だということに気づいた。そして、この災いを完全にはねのけようと心に誓う。彼の目にはエディタやフォントを変えるだけでは十分ではなかった。そこで最初から最後までのプロセスを抜本的に検討し直すことにしたのである。1989 年に彼が開発したソフトウェア $T_{\!E\!}X$ は、今日、あらゆる数学者たちが原稿を書いたり交換したりするための標準のソフトウェアとなっている。

$T_{\!E\!}X$ は新しいツールとして普及し、21 世紀の幕開けとともに数学のやりとりの大半がインターネットを使うようになると、その役割を十全に果たすようになった。

TeXと派生版はフリーウェアなので、ソースコードは誰でも自由に使える。数学者たちがやりとりをするときは必ず、ソースファイル、つまり世界中のコンピュータで認識可能な *ASCII* コードのみで構成されたテキストファイルを用いる。TeXのファイルは、簡潔な言語が使われているにもかかわらず、文書や数式をきわめて細かい部分まで再現するのに必要な指示をすべて備えている。

クヌースは、このソフトウェアを生み出したことによって、存命中の人物の中ではおそらく、数学者の日常を最も変化させた人物といえるだろう。

彼は今もなお、この製品の改良を続けており、アップデート版を出すたびに、πの近似値をバージョン番号につけている。ソフトウェアがより完成された形に近づくと、バージョン番号もさらに良い近似となるわけだ。バージョン *3.14* の次に登場したのがバージョン *3.141*、その次が *3.1415* …と続き、最新版はバージョン *3.1415926* である。彼が書いているという遺言書によれば、彼が亡くなる日にバージョン番号はπとなる。こうしてTeXは永久にそのままの形で残るのだ。

*

ファー・ディ・ブルーノの公式

(1800年アルボガスト, 1855年ファー・ディ・ブルーノ)

$(f \circ H)^{(n)}$
$$= \sum_{\sum_{j=1}^n j\,m_j = n} \frac{n!}{m_1! \ldots m_n!} \left(f^{(m_1+\ldots+m_n)} \circ H\right) \prod_{j=1}^n \left(\frac{H^{(j)}}{j!}\right)^{m_j}$$

……これをTeXで書くと,次のようになる.
`\[(f\circ H)^{(n)}= \sum_{\sum_{j=1}^n j\,m_j = n}`

```
\frac{n!}{m_1!\ldots m_n!}\,,
\bigl(f^{(m_1 + \ldots + m_n)}\circ H\bigr)\,,
\prod_{j=1}^n\left(\frac{H^{(j)}}{j!}\right)^{m_j}\]
```

*

Date: 2008年12月25日（木）12：27：14 +0100 (MET)
From: セドリック・ヴィラーニ <Cedric.VILLANI@umpa.ens-lyon.fr>
To: クレマン・ムオ <clement.mouhot@ceremade.dauphine.fr>
Subject: Re: 第1部、第2部（完成間近）

さあ、第2部をどうぞ。クリスマスのプレゼントをもらう権利は君にもあるのだからね。いい出来だと思うよ。ざっくりと言えば、すべてが期待していたよりうまくいっている（ただし、損失の指数が少なくとも摂動の大きさの 1/3 乗はあるようにみえるけれど、ニュートン法の反復によって取り戻せないという理由もない）。ファイルを2つ送る。解析と散乱に関するものだ。今のところこの2つに手をつけるのはやめている。ある程度細かく読み直さなければならないだろうけど、今の優先事項は第3部と第4部（PDE と補間）を収束させることだと思う。PDE に関する部分がほぼしっかりしてきたらすぐに私に送ってくれないかな。多少荒削りのままでも構わない。そうすれば PDE と補間については、二人で並行してせっせと作業できるだろうし（私が英訳と推敲を受け持とう……）。
それではメリー・クリスマス！
セドリック

Date: 2008年12月25日（木）16：48：04 +0100
From: クレマン・ムオ <clement.mouhot@ceremade.dauphine.fr>
To: セドリック・ヴィラーニ <Cedric.VILLANI@umpa.ens-lyon.fr>
Subject: Re: 第1部、第2部（完成間近）

メリー・クリスマス。プレゼントありがとうございます (^_-)!!
上限ノルムと混合ノルムを使った定理を完成するために、PDE の
ファイルにとりかかっています。でも、僕としては混合ノルムも十
分望みがあると思ってます（あなたの最新のファイルをみると、散
乱についてはこのノルムが必要なのだと思います）。補間のファイ
ルに関しては、すでにあなたに送ったほうの差し替え版（フランス
語）にわれわれが必要としているナッシュの不等式を詳しく書き直
しておいたのですが、もし他にも何か加えるべきものがあったら
言ってください。また近いうちに連絡します！　クレマン拝

Date: 2008 年 12 月 26 日（金）17：10：26 +0100
From: クレマン・ムオ <clement.mouhot@ceremade.dauphine.fr>
To: セドリック・ヴィラーニ <Cedric.VILLANI@umpa.ens-lyon.fr>
Subject: Re:　第 1 部、第 2 部（完成間近）

こんにちは
混合ノルムを用いた PDE の定理の完成版に関してですが、英語の
最終稿を仕上げる前にいったん予備版をお送りします。該当箇所は、
このファイルの 15 ページからになります。どんなものか見てほし
いので、とりあえず送らせてください。まだ、計算や添え字の細か
いところはチェックしていません……それに有界時間の制限という
のも今のところおかしいのですが。ともかく、混合ノルムは、とて
もうまく振る舞っています。というのも僕がフーリエ変換によらな
いノルムでの微分に移行したからです。そこで 4 節の冒頭に、この
PDE の定理と一緒に、なぜそれがうまくいくように思えるのか気づ
いた点を書いておきました。一方、四つの添え字をもつノルム（あ
なたの定義によればこれは十分に混合ノルムのうちに入りますが）
については相変わらず検討中です。今もって、どうして三つの添え
字しかうまくいかないのかがわかりません……。
これについては引き続き考えておきますね。
クレマン拝

```
Date: 2008 年 12 月 26 日（金）20：24：12 +0100
From: クレマン・ムオ <clement.mouhot@ceremade.dauphine.fr>
To: セドリック・ヴィラーニ <Cedric.VILLANI@umpa.ens-lyon.fr>
Subject: Re: 第 1 部、第 2 部（完成間近）
```

「有界時間の制限」と呼んだのは具体的に何かと言えば、僕が仮定したように、散乱による損失の次数がある有界時間内では線形だということです。ある定数よりも損失が大きくならないようにするために、有界時間の制限を置きました。ですが、あなたの「解析」のファイルから考えると、この仮定は次のような何らかの損失においてさらに裏打ちされるように思います。

```
$$
  \varepsilon \, \min \{1, (t-s) \}
$$
```

したがって、この損失は、tが大きく、sがtから離れている場合は小さいままになります。
ではまた。クレマン

第 9 章

2009 年 1 月 1 日、プリンストン

　タクシーは夜の闇の中、完全に道に迷っていた。GPS は明らかに突拍子もない方向を指している。そのまままっすぐ行くと森の中だ。

　ここは運転手の常識に訴えよう。「この道はさっき通りましたよね」、「GPS は最新版じゃなさそうですね」、「そのあたりに入ってみたらどうでしょう？」などと言いながら。どう考えても迷子になっている。このカーナビの言うとおりにしたら、泥沼にはまることだけは確かだ！

　後部座席にいる二人の子どもたちは、どこ吹く風といった様子だった。娘は飛行機での長旅と時差のせいで疲れて眠りこけていた。一方、息子は黙って周りを観察している。まだ 8 歳だが、すでに台湾、日本、イタリア、オーストラリア、カリフォルニアに滞在した経験の持ち主だ。だから、夜中にニュージャージーの森のど真ん中でタクシーが道に迷っても、心配しない。なんとかなるとわかっているのだ。

　堂々巡りをしているうちに、少しは文明を感じられる場所に出た。独りでバス待ちをしている人に道を教えてもらう。GPS だけが地理の真実をつかんでいるわけではない。

　やっとプリンストン高等研究所が目の前に姿を現した。業界では IAS と呼ばれているこの施設は、古城のような雰囲気を醸しながら、森の中で威容を保っている。たどり着くためには広いゴルフ場を迂回しなければならなかった。

　アインシュタインが人生最後の 20 年間を過ごしたのはまさにここだ。確かに当時の彼は、もはや 1905 年に物理に革命を起こした若い颯爽とした青年ではなかった。それでも、この場所で、アイン

シュタインは誰よりも存在感を放っている。他にもジョン・フォン・ノイマン、クルト・ゲーデル、ヘルマン・ワイル、ロバート・オッペンハイマー、エルンスト・カントロヴィチ、ジョン・ナッシュといった偉大な学者たちがいた。この中の一人の名前を聞くだけでもぞくっとするほどの顔ぶれだ。

現在、ここには、ジャン・ブルガン、エンリコ・ボンビエリ、フリーマン・ダイソン、エドワード・ウィッテン、ウラジーミル・ヴォエヴォドスキーや他にも多くの研究者がいる。IASは、ハーバードやバークレーやニューヨーク大などのどの研究所よりも、数学と理論物理学のメッカと呼ぶにふさわしいだろう。もちろん、ここには世界における数学の首都であるパリほど数学者はいないが、選り抜きの中の選り抜きに会うことができる。IASの終身研究員という地位は、おそらく世界で最も威信ある地位といえるだろう！

ちょうどその隣には、チャールズ・フェファーマン、アンドレイ・オクンコフをはじめとして多くの研究者がいるプリンストン大学がある。プリンストンにいるとフィールズ賞はありふれていて、昼ごはんを食べていたら周りに受賞者が三、四人いたというのはざらだ！そしてフィールズ賞を取らなかったとはいえ、アンドリュー・ワイルズの存在は言うまでもない。彼がフェルマーの残したあの大きな謎を解いたときは、他のどんな数学者よりも話題に上った。なんと言っても、それを解き明かせる白馬の王子が350年間も待たれていた謎である。一言でいえば、もし偉大な数学者たちをターゲットにする専門のパパラッチが存在するならば、IASの食堂にカメラを設置すればいい。そうすれば、毎日こうした人々の新しい写真が手に入るだろう。

まさにここは夢がいっぱいの場所……だが、そんなことを言っている場合ではない。今は住まいを……私たち家族が6カ月間過ごせるアパルトマンを探すのが先決だ。まずは眠る場所を見つけないと！

さて、プリンストンというこんな小さな町でいったい私は6カ月間も何をしようとしているのか？

やることがたくさんあるのだ！　今の私には集中できる環境が必要だ。ここならば私の愛する数学にすべての時間を注ぐことができる！

まずはこのランダウ減衰の首根っこをつかんでねじ伏せること。この作業はかなり進んではいる。関数の枠組みはきちんとできているので、あとは気合いを入れ、2週間かけてそれを完成させるだけだ。それからアレッシオとリュドヴィクと一緒にやっているもう一つのプロジェクトも終わらせる。3次元以上の空間において、リーマン計量におけるほぼ球状の領域の単射領域は必ずしも凸にならないと証明するために、手こずってきたとはいえ反例を見つけることはできるだろう。そうしたら、非ユークリッド的な最適輸送理論の正則性についてとどめを刺すことができる！

すると残りは5カ月になる。そこからは私の大きな夢、ボルツマン方程式の解の連続性について費やすことができるだろう！　そのために私はこれまで十数カ国で書き散らしたメモを持ってきたのだから。

5カ月では十分でないかもしれない。本当は、フランス大学研究院（IUF）の任期の最後の2年間を費やしたかった。任期中は、重大な研究の作業時間に多くを充てられるように授業時間を減らしてもらうことができるからだ。

だが、私はあちらこちらのプロジェクトに時間を取られていた。たとえば、2005年1月から書き始めた最適輸送についての2冊目の本を出した。当初、私は150ページぐらいに収められると見積もっていて、2005年7月には発表できると考えていた。ところが結局、2008年6月までかかり、1000ページにおよんでしまったのだ。何度か、私はこれを道半ばで終わりにして、ボルツマン方程式に再び取りかかろうと考えたが、結局、続けることを選んだのだった。実際のところ、私に選択の余地があったかどうかもわからない。私ではなく本のほうが決断したようなものだった。他の道などなかったのかもしれない。

"好きな話になると、つい遅れがちになってしまう……でも、そん

なことはたいしたことじゃない"〔訳注：フランス人歌手・作曲家ウィリアム・シェラーの曲 *Oh j'cours tout seul*《ああ、独りで駆け回っている》の歌詞の一節〕

　授業を減らしてもらえるのも残すところ 18 カ月だけだというのに、私は、ボルツマン方程式に関する壮大なものになるはずのプロジェクトにまだ着手していなかった。そんな折に、絶妙のタイミングでプリンストンの地に招かれたのだ。本を書かなくてよく、実務的な仕事の拘束も一切なく、講義もない。つまり、数学にひたすら取り組むことができる。要求された唯一のことといえば、プリンストン高等研究所の栄えある今年のテーマに選ばれた解析幾何学のディスカッションやセミナーに、ときおり参加するというぐらいだった。

　リヨンのラボのみんながみんな、この決断に好意的だったわけではない。というのも、誰もが、2009 年 1 月から私をラボ長にしようと考えていたからだ。まさしくその同じときに私はリヨンを後にしたのだ。仕方がない。エゴイストにならなくてはいけないときもある。いずれにしても、私がリヨン高等師範学校の研究チームの発展を目指して何年も働いてきたことに変わりはなく、プリンストンでの寄り道が終わり次第、再び皆の利益のために実務的な仕事もきちんとやり遂げるつもりなのだ。

　それに、賞のこともある！

　フィールズ賞――受賞する権利のある人々にとってはその言葉を口にするのもおこがましく、フランスではせいぜい頭文字をとって「MF」〔訳注：Medaille Fields の略〕などと呼ぶのがやっとという存在。4 年おきに開かれる国際数学者会議で、40 歳未満の数学者二人から四人に授与されるという、働き盛りの数学者にとって最高のご褒美である。

　もちろん、他にも数学には粋な賞がいくつかある。アーベル賞、ウルフ賞、京都賞にいたっては、おそらくフィールズ賞よりも受賞するのが難しいかもしれない。だが受賞することによる反響とメディアへの露出はフィールズ賞にはおよばない。それにこれらの賞は数学者のキャリアの終盤に与えられる。フィールズ賞のように数

学者にとってさらなるステップアップのきっかけになるとか、今後の研究人生に対する激励という役目を担っていない。その意味で「MF」はずっと大きな輝きを放っているのである。

　数学者たちはこの賞のことを考えないようにしており、賞のために研究することもない。意識しても不幸になるだけだからだ。

　誰もその名を口に出さない。私だって恐れ多くて口にしたくない。単に「MF」と書けば、相手も理解できる。

　昨年、私はヨーロッパ数学会賞を射止めた。これは4年おきにヨーロッパの10名の若手研究者に与えられる賞で、そのおかげで、多くの同僚の目には、まだ私が「MF」のレースに残っているというサインだと映った。私の強みは、特に同世代の中では、解析学、幾何学、物理学、偏導関数……と守備範囲が非常に広いことだ。それにオーストラリア人の若き天才テレンス・タオがすでにライバルではなくなっていた。彼は前回の国際数学者会議で、もうすぐ31歳という若さで受賞してしまったからだ。

　だが、これまでの私の業績は、申し分がないとは言えない。ボルツマン方程式における条件付き収束定理についてはかなり自信があるとはいえ、これは正則性があることが前提となる。つまり、この定理を完璧にするには、正則性を証明しなければならない。弱い条件でのリッチ曲率の評価に関する定理については、まだ取りかかったばかりであり、私たちが提示した曲率次元に関する一般的な基準は、まだ業界全体には認められていない。私がこれまで成し遂げたいくつかの証明はそれぞれの間に数学的に大きな隔たりがあり、それは良い点でもあるが、同時に難点にもなっている。というのもおそらく私の研究内容全体を把握している専門家はどこにもいないと思われるからだ。ともかく、チャンスをつかみ取るなら、そしてもちろん私自身の心のバランスを保つためにも、いまや物理学の意義深い問題に関する難しい定理を証明してみせなければならない時期に来ている。

　年齢制限が40歳とは、なんというプレッシャー！　まだ私は35歳だ……。だが、前回、2006年にマドリードで開催された国際数

学者会議で、そのルールはさらに厳しくなった。今後は会議が開催される年の1月1日の時点で40歳未満でなければならないからだ。新ルールが公に発表された瞬間、それが自分にとっていかに大ごとかがわかった。というのも私の場合、2014年には3カ月年齢制限をオーバーしてしまう。つまり、2010年に逃がすと、二度とチャンスはないということだ。

以来、1日たりともこの賞が頭の中に押し入ってこない日はなくなった。そして、そのたびに払いのける。そもそもフィールズ賞は、表だって競うものではなく、政治的駆け引きは行われない。第一、審査員が誰であるのかも伏せられている。だからこの焦りについては誰にも話さなかった。賞を勝ち取るチャンスを少しでも多くしたいのなら、そのことについて考えてはいけない。「MF」については考えるな。数学の問題に身も心もどっぷり浸かって、それだけを考えるのだ。偉大なる先達たちの軌跡が残るここIASは、私にとって集中できる理想の場所となるだろう。

それに、フォン・ノイマン通りに住むことになるのだから！

*

1929年に大恐慌が起きたとき、バンバーガー兄妹は自分たちが恵まれていると感じていた。彼らはニュージャージー州の大規模流通業で財を成していたが、すべてが崩壊する6週間前に事業をすべて売却してしまっていたからだ。壊滅状態になった世界の経済状況の中で、二人は裕福……それはもう裕福だった。

だが、その金を使わなければ裕福であっても何にもならない。そこで二人は、何か高尚な目的のために役に立ちたいと考えた。社会を変えたいと夢見たのである。最初に思いついたのは、歯科専門学校を作ることだった。ところが、資金を最も有効に使う方法は、新しい理論科学の研究所を設立することだと兄妹は説き伏せられる。理論にはほとんど経費がかからない。だから、世界で一番の研究所を設立することだってできるかもしれないではないか。世界中にそ

の名をとどろかせる研究所だ！

　数学であろうと理論物理学であろうと、専門家たちの意見というのは必ずしもすべての理論に一致を見ることはない。だが、誰が最も優秀な学者たちであるかという点については合意を得られるものだ。優秀な学者をきちんと特定できれば、あとは招聘するだけでいい！

　こうしてバンバーガー研究所はそうそうたる学者に声をかけた。数年におよぶ交渉の後、だんだんとその要請に応じる者が出てくるようになった。アインシュタイン、ゲーデル、ワイル、フォン・ノイマン……さらに多くの学者があとに続いた。ユダヤ人研究者やその僚友たちにはヨーロッパの空気が耐えがたくなっていたことも重なり、世界の科学の重心はドイツから米国に移動した。*1931年、バンバーガー兄妹の夢がかない、プリンストン高等研究所（Institute for Advanced Study、IAS）が設立された。100周年を間近に控えた権威あるプリンストン大学のちょうど隣に建設されたのだ*（ちなみにプリンストン大学は、同じくメセナ活動に熱心だった別の裕福な一族、あの伝説的なロックフェラー家に支援されている）。*IAS*から支給される研究者の給料は快適な暮らしを送るには十二分であり、しかも授業をする義務を一切負わないですむ。

　以来、研究所は発展を重ねた。今日、自然科学部ではあらゆる理論物理学（天体物理学、素粒子物理学、量子力学、弦理論〔ひも理論〕など）だけでなく、理論生物学も扱っている。さらに、社会学部と歴史学部も加わった。一流どころを集めるという伝統は変わらないままだ。

　この知の神殿では、自分たちの最新の発見について語り、大御所の関心を引こうとする数学者たちが列を成している。数カ月間、あるいは数年間の予定で滞在するよう招かれし者たちが考えるべきことはただ一つ。彫像や写真や絵画の形で至る所に存在するアインシュタインのあざ笑うような視線の下で、世界で最も素晴らしい定理を導き出すこと、それだけだ。そのために金が支払われているのだ。

ここではすべてが、数学者たちが数学以外のことについて一切心配しないですむように考えられている。家族と一緒に来るなら、あなたの代わりに研究所が子どもの学校の手続きを、かなり前もってすませておいてくれる。生活していくうえで必要なものはすべて秘書部隊が面倒をみてくれる。研究所から数分の場所に住まいが用意される。素晴らしい食堂があるので、レストランを探す必要もない。散歩したければ森もある。古風な数学図書館に一歩でも足を踏み入れれば、館員が近寄ってきて探している本を見つけるのを手伝ってくれたり、古くさいとはいえ効率的な検索ファイルシステムの使い方を説明してくれたりする。こうしたことすべてが自分にこんなふうに言っているように思えるのだ。「お坊ちゃん、よく聞きなさい。ここには必要なものはすべてあるのだから、心配事など忘れて数学のことだけを考えなさい。数学、数学ですよ」

　夏にこの研究所を通りかかったら、人文科学図書館に行ってみるといい。池を挟んで数学部とは反対側に位置している。夜、がらんとした館内を歩いてみると、かつての探検家が洞窟の中で宝の山を発見したような気分になるだろう。至る所から集められた 1 メートル以上の大きさの古い地図や巨大な辞書や分厚くて重い百科事典が並んでいる。

　それから図書館を出て、すぐそばのベンチに腰掛けてみる。夜、そこは世界で最も美しい場所になる。運がよければシカの鳴き声を聞けるし、幻想的なホタルの光を見ることもできる。黒い水面に映る月影をじっと眺めていると、20 世紀における誰よりも力強い知の亡霊たちが、ぼんやりとしたもやとなって池の上を通り過ぎるのが感じられるだろう。

第 10 章

2009 年 1 月 12 日、プリンストン

　夜遅く、私はプリンストンのアパルトマンの大きな窓の前で、メモに囲まれ、床のカーペットに座り込んでいる。日中は子どもたちがハイイロリスを眺めることができるこの窓辺で、考えにふけっては、何も言わずにメモを書き散らしているのだ。

　すぐ隣の書斎では、クレールがノートパソコンで『DEATH NOTE』を観ている。プリンストンには映画館がないに等しいので、夜は退屈しないようにしなければならない。これまでクレールに、このアニメシリーズの悪魔的な面白さをこれでもかと褒めちぎっていたら、今度は彼女がこの作品にはまってしまった。日本語を耳にするいい機会でもある。

　今日、クレマンと電話で話した。ここ数日、私たちは高速ギアにシフトアップした。プリンストンで私は講義をもっていない。彼もフランス国立科学センターの研究員なので、講義をもつ義務がない。だから、好きなだけ研究に没頭できる。

　それから二人の間の時差がうまく働いている。7 時間の時差があるので、連続して仕事ができるのだ。私がプリンストンで夜中まで猛烈に仕事した 2 時間後には、パリでクレマンが机に向かって、続きにとりかかれる状態になっている。

　私たちはある計算にかかりっきりだった。クレマンはかなり巧妙なやり方を思いついたようだ。それを使えば、解の存在時間をごまかすことができ、彼はかなり希望をもっている。私は、彼のこのアイディアが重要な役割を果たすと認めたかったのだが（そしてその後、実際その通りになる、いや、私が想像していた以上のものとなった）、それだけで私たちを窮地から救うのに足りるとはどうにも信じられなかった。別の方法での評価が必要だ。

新しいやり方が。

*

Date: 2009 年 1 月 12 日（月）17：07：07 -0500
From: セドリック・ヴィラーニ <Cedric.VILLANI@umpa.ens-lyon.fr>
To: クレマン・ムオ <clement.mouhot@ceremade.dauphine.fr>
Subject: バッドニュース

さて、君のように正則性を移送して評価するというのを私はうまく再現できなかった（三つの添え字を伴う空間に変換したあと、どこかうまくいかないところがある）。そこで君の計算を確かめてみたところ、つじつまが合わないところが二つあった。(a) p39、1.8 の最後の添え字（「ここでわれわれは自明な評価を使っている」の前）が\lambda+\eta ではなく、\lambda+2\eta ではないかと思う。(b) この評価値が\kappa に影響を受けないという仮定 (5.12) はあり得ないようにみえる（\kappa\to 0 と \kappa\to\infty の極限では空間はすっかり変わってしまう）。結論：これには問題があるように思える……
ではまた。
セドリック

Date: 2009 年 1 月 12 日（月）23：19：27 +0100
From: クレマン・ムオ <clement.mouhot@ceremade.dauphine.fr>
To: セドリック・ヴィラーニ <Cedric.VILLANI@umpa.ens-lyon.fr>
Subject: Re: バッドニュース

明日の午後、もう少し詳しく見るつもりですが、(a) の指摘はその通りだと思います。他にも添え字の問題はきっとあるでしょう。(b) についてですが、kappa（kappa はコンパクトな領域にあるとして）の影響がないという (5.12) の仮定を使いたかったのは、散乱$X^{scat}_{s,t}$の場では v の影響が小さいからで

す。たとえば$\Omega_{s,t}$は、O(t-s) の誤差で恒等関数に近く、$X^{scat}_{s,t}= x + O(t-s)$ となります。だから、v によるいかなる影響も、O(t-s) に「埋もれてしまう」と思うのですが、いかがでしょう？
近いうちに、クレマン

Date: 2009 年 1 月 18 日（日）13：12：44 +0100
From: クレマン・ムオ <cmouhot@ceremade.dauphine.fr>
To: セドリック・ヴィラーニ <Cedric.VILLANI@umpa.ens-lyon.fr>
Subject: Re: 移送

セドリックさん、こんにちは。
平均化の補題についてのジャバンのレビュー（ポルトエルコレでの彼の講義）を参照して、われわれの計算と関係があるかどうかを見てみようといくつか計算してみました。僕の印象では、線形化による評価での正則性の移送は、平均化の補題と関連があるのですが、通常とは異なると思えるものを L^1/L^\infty で表示しています。たとえば、x の増加分が（t-s）に比例しない場合、x から v に向かって正則性を移送しようとすると、時間で積分可能であるためには、増加分を<1 に制限しなければならず、そうすることによって L^2 における限界値 1/2 とつじつまが合います。ここでの計算の中でもう一つ新しい発見といえそうなものは、増加が（t-s）に比例するとき、もはや限界値は 1 でなくなることです……。(t-s) に比例するこの増加が非線形の連続性の定理で使えるかどうかも（つまり、当初のあなたの疑問ですね）これから確かめることにします……。ところでそちらでは何か新しい発見はありましたか？
クレマン拝

第 11 章

2009 年 1 月 15 日、プリンストン

　毎朝の習慣で、紅茶をいれに談話室に行く。ここでは人の好さそうなアインシュタイン像が置かれていない代わりに、アンドレ・ヴェイユのブロンズ半身像が鋭い表情を向けている。

　談話室には開放的な陽気さは見られない。もちろん大きな黒板と、紅茶をいれるための道具一式とチェス盤、そして積み重ねられたチェス専門誌がある。

　そのうちの 1 冊に目が留まった。その号では、1 年ほど前にこの世を去った、チェス史上最も偉大なプレーヤー、ボビー・フィッシャーを偲んでいた。偏執的な妄想にすっかりとらわれてしまった彼は、理解に苦しむほどのひどい人嫌いに陥ったまま人生を終えた。だが、その狂気とは関係ない次元で、この不世出のプレーヤーは数々の試合で並外れた記録を残したのである。

　数学界にも、同じような類の悲劇的な運命をたどった人々がいる。

　たとえば、さまよえる数学者と言われたポール・エルデシュ。1500 本もの論文を発表し（これは世界記録である）、数の確率論を打ち立てた一人である。彼は家をもたず、家族をもたず、定職をもたず、鞄とトランクとメモ帳と、そして天才的な才能だけを携えて、すり切れた服を着たまま世界中を放浪した。

　グリゴリー・ペレルマンは、あの有名なポアンカレ予想の謎を密かに解くために 7 年間孤独に過ごし、誰もが不可能だと思い、想像もつかなかった解法を示して数学界をあっと言わせた。米国の個人財団がかけていた 100 万ドルの懸賞金を断り、在籍していた研究所の職も辞してしまったのは、この解法の純粋さを台無しにしたくなかったがためかもしれない。

　アレクサンドル・グロタンディークは、数学を根底から覆すよう

な変革を起こした生ける伝説であり、人類史上最も抽象的な思考を発展させた学派を作りあげた人物だ。彼はコレージュ・ド・フランスを辞すると、ピレネー山脈の小さな村に隠遁した。女たらしだったのが、世捨て人に変身し、狂気にとらわれて自身の著作に異常な執着を見せるようになった。

時代を超えて最も偉大な論理学者のクルト・ゲーデル。彼は「いかなる数学の公理系も完全ではなく、必ず、真とも偽とも証明できない命題が存在する」ことを証明し、業界全体を驚かせた。晩年はひどい被害妄想にとらわれ、毒殺されるのを恐れるあまり、餓死した。

そしてジョン・ナッシュ。私の数学のヒーロー。彼もまた、偏執的な妄想にとらわれてしまう前の10年間で三つの定理を生み出し、解析学と幾何学に革命を起こした。

天才と狂気は紙一重とよく言われる。だが、そもそもどちらの言葉も、きちんと定義されていない。グロタンディークであれ、ゲーデルであれ、ナッシュであれ、狂気にとらわれていた時期は数学で何かを生み出していた時期とは合致しない。

生まれつきの資質か、あるいは後天的に培った能力か……。これも古典的な議論の対象だ。フィッシャー、グロタンディーク、エルデシュ、ペレルマンはいずれもユダヤ系だ。加えてフィッシャーとエルデシュはハンガリー生まれである。数学界に接したことがあれば、この分野ではユダヤ系の才人が数多く輩出されていることを知らない人はいないだろう。そして、ハンガリー出身者がずば抜けて多いことにも目を見張らずにはいられないはずだ。1940年代の米国のいくつかの科学サークルでは、こんな冗談が流行ったそうだ。「火星人は存在しますよ。人間離れした知性をもっていてね、理解できない言葉を話すんですよ。そしてハンガリーとかいう場所からやって来たって言うんです」

そうはいうものの、ナッシュは生粋のアメリカ人で、彼の希有な運命を予想させるような先祖は一人もいなかった。何はともあれ、運命というのはいろいろなことに左右されるものだ。遺伝、考え方、

経験、出会い、それらすべてが融合したものが、人生においてすばらしくドラマチックな運の巡り合わせに関与する。遺伝子も環境も、それだけではすべてを説明できない。それでいいのだ。

*

　世界中から誰よりもまじめな学者を200人集めて森の中に隔離し、大学のあらゆる世俗的な雑用から解放し、思う存分仕事をさせたらどうなるだろうか？　大した成果は得られないだろう。プリンストン近郊にあるプリンストン高等研究所 (IAS) では、確かに最先端の研究成果が数多く生まれている。研究所の驚くほどのはからいもあり、学者が腰を据えて何かを考えるのにこれほど恵まれた環境は他にない。ところが、研究所でできることは腰を据えて考えることだけ、ということが問題なのだと学者たちは口をそろえて訴える。IASを言いあらわすのに単に「象牙の塔」つまり、浮世離れしたところと言うだけでは物足りない。なにしろここよりも厳格なところなどどこにもないのだから。世界的な学術研究所は、どれほど堅苦しいところであっても、仕事に疲れた学者がビールを一杯飲み、ジュークボックスの音楽を聞く場所くらいはあるものだ。ところが、現在のIASにはそんな場所はない。昔を知る者によれば、彼らがまだ若かった1940年代、50年代の研究所は、プリンストンの知的エリートにとっての娯楽の中心でもあった。ジョン・フォン・ノイマンは現在の計算機の基礎を築いた人物だが、一方でおいしくもないカクテルを何種類も作っては派手なパーティーで気前よくふるまっていたという噂だ。アインシュタインの頭の中は物理学でいっぱいだったが、ときにはヴァイオリンを弾いていた。研究所の創始者たちは、古代ギリシャ文明をヒントに、人間は高尚なことも低俗なこともすることでバランスをとるべきだ、と信じていたに違いない。しかし、いまや秩序を重んじるアポロ的な考え方が快楽を肯定するディオニュソス的な考え方を抑え込んでいるようだ。というのも、所員の多くによると、楽しい時間を過ごそうと考えることは

あっても、実際には考えるだけで何もしないというのだから。研究所の敷地を歩けば、ノーベル賞やフィールズ賞の受賞者に出くわすかもしれない。研究所から惜しみない支援を受けて、あなた自身がその一人になるかもしれない。それでも、受賞者たちと酒を飲んで笑い合うような場面はまずないだろう。

　（マーシャル・ポーのウェブサイト *Encyclopedia of Memory*『記憶のエンサイクロペディア』の記事「*DNE*——プリンストン高等研究所でこれまで存在した唯一のロックグループ」より抜粋［*DNE = Do Not Erase*］）

第 12 章

2009 年 1 月 17 日、プリンストン

土曜日、家族との夕食。

日中はずっと、研究所が客員研究員のために企画してくれた遠足に費やした。生命の歴史を愛するすべての人々にとっての聖地の中の聖地、ニューヨークにあるアメリカ自然史博物館に出向いたのだ。

ちょうど 10 年前、この博物館を初めて訪れたときのことをよく覚えている。世界で最も有名な化石の数々を見たときのあの感動。十代の頃、恐竜図鑑や参考書をむさぼるように見ていただけになおさらだった。

10 年前に戻った私は、数学に関する心配事は忘れて再びその世界に浸っていた。だが、今こうして夕食のテーブルにつくと、心配事がよみがえってくる。

クレールは少し驚いた様子で、私の顔がチック症状で引きつるのを眺めていた。

ランダウ減衰の証明はまだ完全に筋が通ってはいなかった。私の頭の中では、ごそごそ動き始めていたとはいえ。

——まったく、どうすればいいのだろう……。速度を含める場合、正則性の移送による減少を位置に関して得るためにはどうすればいいのだろう……。速度を合成することによって速度に関する従属性を導くことができるのだが、本当はそうしたくない。速度は入れたくない！

頭の中がぐちゃぐちゃだ。

ほとんど会話にならなかった。答えるのも最小限。よくて一言二言、悪ければうーむと唸るだけだった。

「今日は寒かったわね！　そり遊びができるんじゃないかと思ったわ……池のほとりの旗、今日は何色か、あなた見た？」

「うーむ。赤……だったような」

赤旗は「池が凍っていてもその上を歩くのは非常に危険なので禁止」を意味する。白旗は「そのまま歩いて行ってもいいよ。堅いから、氷の上でジャンプしてもいいし笑ってもいいし踊ってもいいよ、そうしたいならね」を意味する。

そもそも、1月15日にラトガース大学で行われる統計力学のセミナーで結果を発表していたはずじゃなかったのか！　どうしてそんな依頼をOKしてしまったのだろう。まだ証明も終わっていないというのに??　あの人たちに何を話すつもりだったんだ。

それでも、1月の初めにここに到着したときは2週間きっかりであのプロジェクトを完成できると確信していたのだ！　幸いにも発表は2週間延期になった。それでも間に合うのだろうか？　もうすぐそこではないか!!　でも、あの時点ではこんなに難しいものになるとは思ってもみなかったのだ。こんなこと、経験したことがないのだから。

——速度だ。問題は速度だ！　速度に対する従属性がないなら、フーリエ変換後に変数を分離できる。だが、速度込みで考えなければいけない場合、どうすればいいのだろう？　それに速度は非線形方程式では必須の条件だ。そもそも私自身がそう思っているのだし！

「大丈夫？　病気にだけはならないでね！　リラックスして。力を抜いて」

「ああ」

「本当に何かに取り憑かれているみたいだわ」

「いいかい。僕にはやらなきゃいけないことがあるんだ。非線形ランダウ減衰、というんだけどね」

「あなた、ボルツマン方程式について研究しているんじゃなかったの？　あなたの大きなプロジェクトってそれじゃなかった？　本論から逸れてきてるんじゃないの？」

「さあね。とにかく今は、ランダウ減衰なんだ」

だが、ランダウ減衰は相変わらず、高嶺の花を気取っている。近

づくことができないのだ。
　——でも博物館からの帰り道にやってみたこのちょっとした計算で、少しは希望をもてるかもしれないじゃないか？　それにしてもややこしい！　ノルムに新たに二つの変数を加えてみた。クレマンと作ったノルムには五つの添え字があり、それだけですでに世界記録だけど、いまや七つも添え字がある!!　だが、たとえばこれはどうだろう？　速度に関係のない関数に二つの添え字が作用する場合、再び前と同じノルムをもたらす。それはつじつまが合う……。この計算はよく確かめないといけないぞ。だが、今やり過ぎると、きっと間違える。明日まで待とう！　まったく、全部やり直さなきゃいけないのか、七つも添え字のあるいまいましいノルムのせいで……。
　表情があまりにも冴えなかったせいか、私を哀れに思ったクレールは、元気づけるために何かしようと思ってくれたようだ。
「明日は日曜日ね。日中、仕事場で過ごしたいなら、私がちびたちの面倒をみるわ」
　今、この状況で、これ以上ありがたいことなんてあるわけがない。

*

Date: 2009年1月18日（日）10：28：01 -0500
From: セドリック・ヴィラーニ <Cedric.VILLANI@umpa.ens-lyon.fr>
To: clement.mouhot@ceremade.dauphine.fr
Subject: Re:　移送

On 2009年1月18日13時12分 クレマン・ムオ wrote :
>ところでそちらでは何か新しい発見はありましたか？

なんとか進んでる……平坦な道ではないけどね。まず、君がやっていたように順を追っていくと、長時間においてはあまり増加が見られないということはわかった。だが、時間の変数だけが増加する方法を他に見つけた。うまくいきそうな感じがする。唯一の欠点は、

さらに添え字が二つ増えてしまうせいで、ますます複雑な空間になってしまうことだ (^_^) けれども、この新しい族の場合も、すべての評価は添え字を増やす前と変わらないようだ。もちろん、きちんと確認しなければならないことには変わりない。ともかく、これらは超デリケートなやり方になるし、問題の中心となる部分の一つだと思う。もしすべてうまくいくようなら、今晩、これから埋めなきゃいけない穴を含めた新しい差し替え版を送るよ。いずれにしても、二人でまた、並行して作業を始めないといけないね。
セドリック拝

```
Date: 2009 年 1 月 18 日（日）17：28：12 -0500
From: セドリック・ヴィラーニ <Cedric.VILLANI@umpa.ens-lyon.fr>
To: clement.mouhot@ceremade.dauphine.fr
Subject: Re:　移送
```

最新のファイルだ。これを使えるものにするために（まだニュートン法のことではないよ）次の作業が必要となる：まずは (i) 私が 4 節の最後に挿入した「双ハイブリッド」ノルムが「簡単な」ハイブリッドノルムと同じ性質になるかチェックする。これらのノルムによる評価が似たような特徴をもつかどうかのチェックだ (!)。(ii) 新たに挿入した 5 節で説明する、二つの異なる効果を合わせる手段を見つける。(iii) それを全部 7 節の終わりに挿入し、完全な密度の評価値を与えて完成させる。(iv) とにかく全部チェックする！　いやはや、やらなきゃいけないことが山積みだな。とりいそぎ、これまで私が書いたことをチェックしていくのはどうだろう？　そして何か怪しいところがあったら言ってもらえればと思う。もし、二人で並行して具体的にやれそうな作業を思いついたらまた連絡する……。

それから、いくつかはっきりさせておきたいことがある：
正則性の移送についての君の評価は、たぶんバグだと思う。結果が強すぎるし、同じような結果を出そうと通常のノルムでやってみた

けどできなかった。だが、5 節で移送をとりあげる際に、君のその戦略を使ってみたよ。でも時間を長くとると (t\to\infty, \tau は小さいまま)、にっちもさっちもいかなくなってしまうようだ。つまりその指数では、時間による積分が収束させられない。時間での積分がうまくいく方法をやっとの思いで作り上げた（どうやったのかは聞かないでほしい）が、今度は正則性がうまくいかない。あとは、この二つをうまく合成させるだけなのだけどね。
それではまた、
セドリック拝

Date: 2009 年 1 月 19 日（月）00 : 50 : 44 -0500
From: セドリック・ヴィラーニ <Cedric.VILLANI@umpa.ens-lyon.fr>
To: clement.mouhot@ceremade.dauphine.fr
Subject: Re: 　移送

ファイルを読み返して少しバグを直した。だから添付した差し替え版が有効なのでそれを使ってほしい。さしあたり、次の作業を分担しようかと思うがどうだろう?:

・君は命題 4.17 と定理 6.3 が正しいかどうか確かめてくれないか。とんでもなく大変だろうが、そのためには 4 節と 6 節で私がやった評価をすべて再読しなければならないので、いいことだと思う (^_^) 必要な作業だからね。計算ミスに振り回されているわけだが、条件にある指数は確かめなければならないし。とりあえずこの 2 ヵ所については、「吹き出し」にコメントを書いて、少々行き当たりばったりでやってみた評価を添えておく。この計算は間違っていないと思うが、実際にはもっと複雑かもしれない。君が証明を書き直す必要はない。だが、われわれが得た評価を使ってやらないといけない。残りはこの計算に依存する。

・その間、私は 5 節と 7 節（定理 6.3 に関係しない部分）を終わらせるのに専念する。

・それと、明日トレメーンと、序文の物理学の部分について話し合う予定だ。

・以下の件について君の意見を具体的に書けそうならば、5 節の冒頭に組み込んでかまわない。すでに私が平均化の補題との関係に触れている箇所だ（ただし、解析の授業で教わるように、L^1/L^\infty という現象になるというのは、完全には納得できないよね??）。

君が以上のことにすぐに取りかかる時間があって、なおかつうまくいくようなら、これ全部を 2〜3 日で終わらせることを目標にできるな。そうすれば、残るはニュートン／ナッシューモーザーをしかるべき箇所に挿入するだけだ（だが優先しなければならないのは、4.17 と 6.3 の内容をしっかり訂正して、これが「ぐらぐらした」根拠の上にあるわけではないと確認すること）。

セドリック拝

```
Date: 2009 年 1 月 19 日（月）13:42:27 +0100
From: クレマン・ムオ <clement.mouhot@ceremade.dauphine.fr>
To: セドリック・ヴィラーニ <Cedric.VILLANI@umpa.ens-lyon.fr>
Subject: Re:　移送
```

セドリックさん、こんにちは。

なんだか、ますますとんでもない代物になっているように思えるのですが (^_-)!!

*

統合ファイル3版からの抜粋（2009年1月18日付）

4.7 双混合ノルム

以下に示す複雑なノルムを使う．

定義 4.15 空間 $\mathcal{Z}^{(\lambda,\lambda'),\mu;p}_{(\tau,\tau')}$ を以下のように定義する．

$\|f\|_{\mathcal{Z}^{(\lambda,\lambda'),\mu;p}_{(\tau,\tau')}} = \sum_n \sum_m \frac{1}{n!\,(n-m)!}$

$\times \left\|\left(\lambda(\nabla_v + 2i\pi\tau k)\right)^m \left(\lambda'(\nabla_v + 2i\pi\tau' k)\right)^{n-m} \widehat{g}(k,v)\right\|_{L^p(dv)}.$

(...)

試行錯誤の末，4.7節で説明した"双混合"ノルムによってようやくこの減少をとらえることができた．

命題 5.6（混合空間における正則性の減少の評価） 関数 $f = f_t(x,v)$, $g = g_t(x,v)$ とおき，

$$\sigma(t,x) = \int_0^t \int f_\tau(x - v(t-\tau), v)\, g_\tau(x - v(t-\tau), v)\, dv\, d\tau.$$

とする．このとき，

$$\|\sigma(t)\|_{\mathcal{F}^{\lambda t + \mu}} \leq \left(\frac{C}{\overline{\lambda} - \lambda}\right) \sup_{0 \leq \tau \leq t} \|f_\tau\|_{\mathcal{Z}^{\overline{\lambda},\mu;1}_\tau} \sup_{0 \leq \tau \leq t} \|g_\tau\|_{\mathcal{Z}^{(\lambda,\overline{\lambda}-\lambda),\mu}_{(\tau,0)}}.$$

第 13 章

2009 年 1 月 21 日、プリンストン

　博物館に行った夜に考えついた巧妙な方法のおかげで、再出発することができた。そして今日は、希望と恐怖が混ざり合ったような気分で胸がいっぱいだ。重大な難局を乗り越えようと、まずはわかりやすい計算をいくつかやってみたところ、評価が粗い項を扱う方法がやっとわかったからだ。同時に、私の前にいかに複雑な世界が広がっているかがわかり、めまいに襲われた。

　つまり、私が理解し始めていると信じていた、素朴そうにみえるヴラソフ方程式が、実際にはそんなにうまくは働かないことを意味しているのだろうか？　机上の計算によると、ある時間においては刺激に対する反応があまりに早すぎるのだ。こんなことになるとはこれまでまったく聞いたことがなく、論文や本で読んだこともない。それでも、私たちが前に進んでいることだけは確かだ。

*

```
Date: 2009 年 1 月 21 日（水）23：44：49 -0500
From: セドリック・ヴィラーニ <Cedric.VILLANI@umpa.ens-lyon.fr>
To: クレマン・ムオ <clement.mouhot@ceremade.dauphine.fr>
Subject: !!
```

できた。何時間もみじめにのたうちまわった末にやっとできた。今日、電話で愚痴った例の O(t) が無効になってしまう理由がわかった。まったく と ん で も な い 代 物 だよ！
一見したところ、問題は双一次形式の評価でもモーザーのスキームでもなく、\rho 関数の評価に用いる「グロンウォール」の不等式

のレベルにあり……。

u(t) \leq source + \int_0^t a(s,t) u(s) ds

といった類の何かがポイントだ。いわば u(t) は $\|\rho(t)\|$ の評価値ということ。もし \int_0^t a(s,t) ds = O(1) ならば、万事うまくいく。問題は、\int_0^t a(s,t) ds が O(t) とイコールのように見えることだ(これに対する異論は一切受け付けない。考えられる限り最もうまくいく場合を考えたが、他のときでも同じような結果が得られるかもしれない)。だが、そのような結果が出るのは厳密に [0,t] の内側であり、どちらかといえば中央あたりの場合だ(これは k と \ell が 0 = (k+\ell)/2 というような形になっている場合に対応する。あるいは、0= (2/3)k + \ell/3 となるときには 2/3 に対応するなど)。だがそうだとすると、u(s) 上の再帰方程式は

u(t) \leq source + epsilon t u(t/2)

に似たような形になり、この式の解が有界かはあらかじめわからず、ゆっくりと上昇するものになる(劣指数関数的)! でも、\rho におけるノルムには指数関数的な減少が含まれているので、結局は減少する……。

このやり方をきちんと機能させようとしたら、とんでもない作業になりそうだ(共鳴をざっとリストアップしなければならない)。これは明日私がやっておく。そうは言っても、双ハイブリッドノルムの性質をチェックする計画に変わりはない。
セドリック拝

Date: 2009 年 1 月 21 日(水)09:25:21 +0100
Subject: Re: !!
From: クレマン・ムオ <clement.mouhot@ceremade.dauphine.fr>

To: セドリック・ヴィラーニ <Cedric.VILLANI@umpa.ens-lyon.fr>

まったくとんでもない代物のようですね！ 僕は、ナッシューモーザーの定理の部分を検討しました。この中の要素 t を吸収することなどできそうにないという点、了解です……。その一方で、u(t) の評価の根拠について僕の理解が正しければ、t が 0 より大きい範囲で a(s,t) が大きい場合、点 s は t からの距離が一様に厳密に正の値となります。もう一つ気になる点は、非線形の問題を解決すると時間に関して劣指数関数的な評価が得られるだろうということです。そして\rho のノルムでそれを吸収させるために、その指数が少し減ってしまうのは仕方ないでしょう。でもそれは、ナッシューモーザーの定理の部分では絶対に避けなければならないと思うのですが……？　クレマン拝

第 14 章

2009 年 1 月 28 日、プリンストン

　闇よ！　私には闇が必要だ。闇の中で独りになることが必要なのだ。子ども部屋の雨戸も閉まっている。よしよし。正則化、ニュートン法、ネイピア数——それぞれが頭の中でくるくると回っている。
　子どもたちを家に連れ帰るなり、自分の考えをさらに掘り起こすために、私は独りで子ども部屋に閉じこもった。明日はラトガース大学での発表だ。例の証明は相変わらず成立していない。じっくり考えるために独りで歩くことも必要だ。もう時間がない！
　これまで他のことには何も言わずに我慢してきたクレールも、食事の支度中に私が真っ暗な部屋の中でぐるぐる歩き回っているのは、さすがに耐えられなかったようだ。
「いくらなんでも、あなた、おかしいんじゃないの!!」
　私は返事をしなかった。脳につながる体内のあらゆる管が、数学的思考とせき立てられるような感覚で飽和状態になっていたのだ。それでも家族と食卓を囲むために部屋から出たが、それ以降は一晩中仕事をした。手堅いと見込んでいたある計算がうまくいかない。きっとどこかで間違えたのだ。重大なミスだろうか、それほどでもないのだろうか？
　深夜 2 時をまわる頃、ようやく終わりにした。これでようやくすべてがうまくいくという感触があったからだ。

*

Date: 2009 年 1 月 29 日（木）02：00：55 -0500
From: セドリック・ヴィラーニ <Cedric.VILLANI@umpa.ens-lyon.fr>
To: クレマン・ムオ <cmouhot@ceremade.dauphine.fr>

Subject: 統合ファイル 10 版

！！！！　ついにうまくいきそうだ。

・まず、（思い違いでなければ）epsilon を好きなだけ小さくして消してしまう方法をついに見つけた（1/epsilon の指数、あるいはその平方の指数といったとても大きな定数の分、損をするだろうが）。この結果を導くのに、悪魔的としか言いようがない計算をするはめになった。ざっくりした計算は 6 節の最後に載せている。まったく奇跡的に見えるかもしれないが、こんなにぴったりとした結果になるのは、そうなるべくしてなったと見るべきで、たぶん合っていると思う。

・それから、特性曲線と散乱のところでミスった箇所がどこなのかも特定できたと思う。残酷に聞こえるかもしれないけれど、該当する節では全部計算をやり直さなければならないだろう……。その節の最後の小節にいくつかコメントを入れておいた。

これで、ナッシューモーザーの定理を示すために必要となるすべての要素を挙げたと思う。明日木曜日、私は不在の予定なので、この先のスケジュールはこうしたらどうだろう？　私は 6 節の劣指数関数的な増加について再びとりかかる。その間、君は散乱に関する評価に手をつける。これはそれほどつらくないはずだ。全体の目標としては、来週初めまでに最終節以外はすべて書き直しを終える。これでいいかな？

セドリック拝

第 15 章

2009 年 1 月 29 日、ラトガース

　あれほど恐れていた今日という日がやってきた。私はプリンストンからおよそ 30 キロメートル離れたところにあるラトガース大学の統計物理学のセミナーに招かれていた。大学までは、エリック・カーレンとジョエル・レボヴィッツが車で送ってくれた。二人ともプリンストンに住み、ラトガースで働いている。

　ラトガースに来るのはこれで 2 度目になる。初めて来たのは、ソリトンを発見した偉大な賢人クラスカルを偲ぶメモリアルデーに参加したときだ。そのときに壇上に立った人たちから聞いた楽しいエピソードは、私の心にまだ鮮やかに焼き付いている。クラスカルは、上へ下へと往復するエレベーターに乗ったまま、他の人たちが乗り降りするのも気にせず、延々20 分も二人の同僚との議論に熱中していたという。

　しかし、今日の私は緊張のあまり、あのときのような楽しい気分にはとてもなれない。

　通常、研究発表（「セミナー」）では、何度も繰り返し、綿密にチェックしたことについて話すものだ。実際、これまで私もそうしてきた。だが今日はそうはいかない。私が発表する内容は、念入りに準備したものではなく、証明すら完全に終えていないのだ。

　昨晩は、すべてがうまくいき、あとは最後の部分を書き足すだけだと確信した。だが、一夜明けるとまた自信がなくなった。疑念が晴れずに、車の中でもまだ、考え続けていた。

　それでも発表中は、心からすべてがうまくいっていると思っていた。自己暗示だったのかもしれない。数学的詳細はあまり語らなかったが、この問題の意義と物理学的な解釈を強調した。あのとんでもないノルムを公開すると、その複雑さに参加者たちはぞっとし

たようだった。これでも、添え字七つはさすがに控え、五つの例を発表するに留めたというのに……。

発表の後、十人くらいのグループで昼食をとった。活発な議論が交わされた。先ほど講堂で私の話を聞きながら目を輝かせていた大きないたずらっ子のようなマイケル・キースリングが、昼食中、気さくに、そしてさも感動したというように、私に話しかけてきた。彼は若かりし頃、プラズマ物理学、遮蔽、プラズマエコー、準線形理論などに夢中になったという。

Michael Kiessling

マイケル・キースリング

プラズマエコーという言葉に私はすっかり心を奪われた。あれはなんて素晴らしい実験だったのだろう！　まずプラズマを……つまり原子核から電子を分離した中で気体を用意する。実験開始直後に、短い時間の電場、すなわち「インパルス（衝撃）」を与えることによって、静止状態で準備したプラズマを乱す。それから、こうして作られた電流がうっすらと弱まっていくのを待ち、もう一度インパルスを与える。再び電流が弱まるのを待つと、奇跡のようなことが起こる。もしこれら二つのインパルスがうまく選択されていれば、ある瞬間に、自発的な応答が見られるのだ。この応答をエコー

と呼ぶ……。

 なんとも不思議ではないか。プラズマの中で（電気の）悲鳴を上げさせ、もう一度（違う大きさで）悲鳴を上げさせてからほんのしばらく待つと、プラズマが（さらに違う大きさで！）返事をよこしてくるのだ。

 これが、数日前に行った計算を思い出すきっかけとなった。時間における共鳴……私の中のプラズマが特定の瞬間を経て反応した……。計算したとき、私はうっかりしたと思ったが、プラズマ物理学ではよく知られているこのエコー現象と同じことなのかもしれない。

 あとで考えよう。今はここにいる教授たちと議論するのが自分の仕事だ。さて、と。今あなた方の研究室にはどんな人がいるのですか？　募集はうまくいきましたか？　ええ、ええ、うまくいきました。誰々と誰々がいましてね。それから誰々も……。

 その中の一人の名前を聞いて私は飛び上がった。
「え？　ウラジーミル・シェファーがここで働いているんですか？」
「ええ。もう長いですよ。セドリックさん、どうしたんですか？ 彼の業績をご存じなのですか？」
「もちろんですよ。私はブルバキのセミナーで、まさしく彼の有名な定理について発表したのですから。オイラー方程式の解におけるパラドックスの存在に関する定理です……。何としてもお会いしなければ！」
「ご存知のとおり、私たちもあまり会えないんです。もうずいぶん、彼とは議論していないなあ。でも食事の後に、ご紹介できるようになんとかしてみましょう」

 ジョエルがうまく連絡をとってくれたので、シェファーが私たちに会いにジョエルのオフィスにやってきた。

 このときのことは、まず忘れないだろう。

 シェファーは開口一番、ここに来るのが遅くなって申し訳ないと延々と謝った。なんでも、忌々しい学生たちが、違法とはいえない申し立てを大学にしようとしていて、その脅威を未然に防ぐことが

彼の仕事なのだそうだ。
　小さな部屋の中、私たちは黒板の前で顔をつきあわせながら、数学について議論した。
「ブルバキであなたの研究に関するセミナーをやったんですよ。そのときのテキストをプリントアウトしました。よかったらどうぞ！フランス語ですけど、何かのお役に立つかもしれません。解のパラドックスの存在についてのあなたの定理が、カミロ・デ・レリスとラースロー・セーケイヒーディによってどのように改良され、簡素化されたかについての概要を説明したのです」
「ほう、それはどうも。大変興味深いですな」
「どうやって考えついたのか、ぜひ教えていただきたいのですが。あんな信じられない解を組み立てるなんて、いったいどうしたら思いつくんでしょう？」
「いいですか。とても単純なことです。私はこの論文の中で、あり得ないことが存在する、つまり、この世界には存在するはずがないものが存在すると証明しました。これがその手順です」
　そう言うと、シェファーは黒板に、いくつかのこぶのようなものが先についた、一種の4角星のような形を一つ描いた。その形は見覚えがあった。

リュック・タルタール

「ええ、知ってます。タルタールの T_4 配置ですよね」
「そうなんですか？ いや、知らなかった。そうなのかもしれないな。ともかく私は、いくつかの楕円型方程式において現実にはありえない解を構成するためにそうしました。そして、一般的な手順があることに気がついたんですよ」

彼はその手順を説明した。
「ええ、それも知ってます。グロモフの凸積分ですね！」
「え、そうですか？ いや、そうじゃないと思うな。私のはもっと単純ですから。この構造は本当に単純に機能するんです。凸包の中にあるので、いつでも凸結合によって近似できます、それから……」

彼の話を聞く限り、凸積分と呼ばれるこの定理の要素について、私にとって初耳なものは一つもなかった。それにしても、この男は、他の人たちの研究を知らないまま、たった独りでこれらすべてを見つけ出したというのだろうか？ 火星にでも暮らしていたのだろうか？
「ところで、先ほどの流体力学については？」
「ああ、そうでしたな！ いつだったかマンデルブロの発表を聞きに行ったことがあるんですよ。そのとき、思ったんです。『同じようなことをしてみたい』とね。そこでフラクタルの視点からオイラー方程式を研究し始めました。そして私の論文と同じ類のことを再現できるとわかったのです。ですがこれがまた厄介で」

私はできるだけ注意深く耳を傾けた。だが、彼はありきたりの言葉を少し口にしただけで、いきなり話を中断した。
「すみませんね、そろそろ失礼しないと。乗り遅れてしまうとまずいんですよ。雪で道は滑りやすいし、どうも平衡感覚があまりよくなくて。とにかく、家まで遠いもんでね……」

こうしてせっかくの対談の終わりのほうは、シェファーが帰らなければならないことについてありったけの正当な理由を述べるのに費やされた。数学についての議論はおよそ5分程度で、そこから私が学んだことは何もなかった。まったく、これが流体力学全般において最も驚くべき定理を生み出した人物だというのだから！ 優秀

な頭脳をもちながらこれほどまでにコミュニケーション能力に乏しいこともあるという、まさしく生きた証明だ。

ジョエルのオフィスに戻ると、私はシェファーとの対談について伝え、たった5分しか話せなくて残念だと言った。すると、こう言われた。

「あのなあ、セドリック。ウラジーミルと5分話したのなら、5年間で私たちが彼と議論した時間を全部足したのとほぼ同じだよ」

いずれにしても記憶に刻み込まれるであろうこの対談については、これ以上考えないことにして……ランダウ減衰の仕事に戻らなければ。

プリンストンに帰る時間だった。私はまた自信を失いつつあった。

よく考えてみると、あの証明はうまくいかないような気がしてきたのだ。

ラトガース大でのセミナーは、私のこの探究にとって、一つの転機となった。本来、まだ証明がすんでいない結果を発表するのは重大な過ちであり、発表者と聴講者を結ぶ信頼という契約関係を破る行為である。その過ちが大きくなりすぎないためにも、何がなんでも発表したことを証明しなければならない。私は瀬戸際まで追い詰められていた。

数学における私のヒーローであるジョン・ナッシュは、自分でもまだ証明する方法がわからない結果をあえて発表することによって、考えられないようなプレッシャーを自分にかける習慣があったという。ともかく彼はそうやって、等長埋め込み理論を導き出したのだ。

ラトガース大のセミナーの後、私はそれと同じプレッシャーを多少なりとも感じていた。追い立てられる感覚は、それから数カ月間まったく消えなかった。この証明を完成させなければ！　でないと、不名誉なことになる!!

*

想像してみてほしい。あなたは夏の静かな午後に森の中を散歩し、

池のそばで足を止める。あたりはしんとしていて、風の音すらしない。

突然、池の水面が引きつけを起こしたかのようによじれたかと思うと、すべてが美しい渦へと形を変えていく。

1分後、再びすべてが静けさを取り戻す。風の音もなく、池の中には1匹の魚もいない。いったい何が起きたのだろう？

シェファーーシュニレルマンのパラドックスは、流体力学全般からみても間違いなく最も驚くべき結果だ。少なくとも数学という世界ではこのような奇怪な現象が起こりうることを証明したのである。

この理論は、量子確率論、あるいはダークエネルギーといった特殊なモデルに基づいたものでもない。これは非圧縮性流体のオイラー方程式を下敷きにしている。つまり偏導関数におけるあらゆる方程式の最古のもの、内部摩擦なしの完全非圧縮性流体を表すために数学界でも物理学界でもすべての人々に受け入れられているモデルを根拠としているのだ。

オイラー方程式が誕生してから250年経つが、すべての謎が突き止められたわけではない。それどころか、悪いことにオイラー方程式は、あらゆる方程式の中でも特に油断ならないものだとみなされている。クレイ数学研究所は、七つの数学問題の証明にそれぞれ100万ドルの懸賞金をかけた際、ナヴィエーストークス方程式を含めるにあたっては用心深く解の滑らかさの条件までつけたのに、それよりもはるかにとんでもない代物であるオイラー方程式については言及することを巧みに避けた。

おまけにオイラー方程式は、最初はシンプルで、とても純粋な感じがする。まるで、流体力学の善良な神といったところだ！　密度の変動をモデル化する必要もなければ、その謎めいた非流動性を理解する必要もない。ただ、質量保存の法則、運動量保存の法則、エネルギー保存の法則といった保存の法則を表せばいいだけだ。

しかしながら……1994年にシェファーは、平面上のオイラー方程式ではエネルギーの自由な発生が可能であると証明してみせた！　なんと、何もないところからエネルギーが発生するのだという。そ

れまで自然界では流体からこんな奇怪な現象が発生することなどありえなかった。つまりオイラー方程式には、まだ私たちが知らない大きな驚きが隠されていることになる。

シェファーの証明は、数学上のいわば名人芸を用いた離れ業のようなもので、これもまたわかりにくく、難しい。私は、この証明を詳細にわたって読んだ人などシェファー以外に誰もいないのではないかと思っている。そしてこのような証明は誰も再現できないと確信している。

ロシア人数学者のアレクサンドル・シュニレルマンは、ユニークな人物として知られているが、1997年、この驚くべき命題に関する新たな証明を発表した。彼はすぐさま、オイラー方程式の解を導き出す際に異常な挙動を禁じるため、物理学的に現実的な基準を与えるよう提案した。

しかし、なんということだろう！ 数年前、優秀な若き数学者のイタリア人デ・レリスとハンガリー人セーケイヒーディが定理を一般化し、さらに衝撃的なことに、このパラドックスを解決するのにシュニレルマンの判定基準は無力であると示したのだ。そのうえ二人は、凸積分を使ってこのようなとんでもない解法を生み出す新しい手順までも提案したのである。この明快な手続きは、ウラジーミル・スヴェラーク、シュテファン・ミュラー、ベルント・キルシュハイムといった彼らの前に登場した多くの研究者が歩んできた道筋に沿っていた……。こうしてデ・レリスとセーケイヒーディによって明らかにされたのは、オイラー方程式については思っていたよりもわかっていないということだった。

とはいえ、もはやそうでもなくなりつつあるのだが。

*

2008年に私が行ったブルバキでのセミナーからの抜粋

定理（1993年シェファー，1997年シュニレルマン）．2次元非圧

縮オイラー方程式には時空間でコンパクトな台をもつ零ではない弱解が存在する.

$$\frac{\partial v}{\partial t} + \nabla \cdot (v \otimes v) + \nabla p = f, \qquad \nabla \cdot v = 0,$$

ただし, $(f \equiv 0)$ を要請しない.

定理 (2007 年, 2008 年デ・レリス, セーケイヒーディ). Ω を $\mathbb{R}^n, T > 0$ における開集合とし, $\bar{e}$ を $\Omega \times]0, T[\to]0, +\infty[$ であるような一様連続な関数とする. ただし, $\bar{e} \in L^\infty(]0, T[; L^1(\Omega))$ である. すると $(f \equiv 0)$ を要請しないとき, 任意の $\eta > 0$ において, 以下のオイラー方程式の弱解 (v, p) が存在する.

  (i) $v \in C(\mathbb{R}; L^2_w(\mathbb{R}^n))^n$;

  (ii) $(x, t) \notin \Omega \times]0, T[$ の場合, 特に $v(\cdot, 0) = v(\cdot, T) \equiv 0$ の場合 $v(x, t) = 0$ となる.

  (iii) 任意の $t \in]0, T[$, ほぼすべての $x \in \Omega$ において $\frac{|v(x,t)|^2}{2} = -\frac{n}{2} p(x, t) = \bar{e}(x, t)$ となる.

  (iv) $\sup\limits_{0 \le t \le T} \|v(\cdot, t)\|_{H^{-1}(\mathbb{R}^n)} \le \eta$.

さらに

  (v) $L^2(dx\,dt)$ 空間上で $(v, p) = \lim\limits_{k \to \infty}(v_k, p_k)$,

ここで, 各 (v_k, p_k) はコンパクトな台上の C^∞ 級関数の組であり, $f_k \in C^\infty_c(\mathbb{R}^n \times \mathbb{R}; \mathbb{R}^n)$ を $f_k \to 0$ に分布収束するように適切に選んだときのオイラー方程式の古典解である.

第 16 章

2009 年 2 月 25 日、プリンストン

　森、リス、池、自転車……プリンストンでの生活は平和そのものだ。

　そしておいしい料理！　先日私たちは、風味豊かで柔らかいメカジキのグリルを食べた。そして家庭料理のようなカボチャのポタージュスープ、生クリームが添えられたブラックベリーのケーキ……。

　昼食を終えて仕事に戻り、ほどなく 15 時の鐘が鳴る。IAS の入口にある由緒あるフルド・ホールで、日替わりの手作り菓子をつまみながらお茶を飲む時間だ。特にここのマドレーヌは口にしただけで参ってしまう。私が 15 年前に学寮の仲間たちにふるまったマドレーヌと同じぐらい味わい深い。

　パンだけはいただけない。ぱりっとしたバゲットはプリンストンではほとんど期待できない。だが、生活必需品という意味でこの地に決定的に足りないものはチーズである。種類があまりにも少なく、家族全員が嘆いている。あの繊細なローヴや風味豊かなエシュルニャックなどのヤギのチーズ、コンテのようなミルク風味のチーズやブリヤサヴァランのようなまろやかな白カビチーズはどこにあるのだろう？　どこに行けばあの柔らかいナヴェット〔訳注：南仏名物のクッキーのような小麦粉菓子〕、ぴりっとしたオリヴィア〔訳注：オリーブペーストが入ったヤギのチーズ〕、そして不滅のミモレット〔訳注：オレンジ色のハードチーズ〕が見つかるのだろうか？

　今月、私は西海岸のバークレーに短期間滞在した。数理科学研究所、略して MSRI に立ち寄ったのである。この世界有数の研究所はさまざまな数学者を招聘しており、数学者たちの出会いの場になっている。2004 年に 5 カ月間暮らしたこの町を再び訪れることができて私はすっかり感動していた。

もちろん、バークレーでのお気に入りの場所である《チーズボード》に足を運ぶことも忘れなかった。ここでは、チーズ生産者の協同組合が社会主義的な原則に基づいて、地元の伝統にうまくマッチした経営を行っている。その品揃えは、フランスのチーズ製造販売業者も真っ青になるのではないかと思うほど充実している。

　ここチーズボードで私は好きなだけチーズを買い集めた。ローヴも買うことができた。子どもたちがこのチーズに飛びついて、むさぼるように食べるのが目に浮かぶ。そこで、ニュージャージーではまともなチーズが手に入らないと店員に打ち明けてみたところ、ニューヨークの老舗《マレーズチーズ》に行ってみたらどうかと勧められた。期待が裏切られないよう祈るばかりだ！

　さて、フランスで数理科学研究所に匹敵するのは、アンリ・ポアンカレ研究所である。関係者の間ではIHPと略されるこの研究所は、1928年にロックフェラー家とロスチャイルド家の支援を受けて設立された。そして、まさにこのIHPの理事会が私を所長に推薦してから、もう2カ月になる。全会一致で決まったという。だが、私はまだ所長になるとは決めていなかった。というのも、私がいくつか条件をつけたため、それを認めるかどうか検討するのに時間がかかっていたのだ。それはもう長い時間が。

　しかも、所長という役職に関心があるかという打診を内々に受けてからは4カ月も経っていた。当初は驚いたが、しばらくするとこれは面白い経験になるかもしれないと思い、候補者になることを了承したのだ。ただ、この件については、リヨン高等師範学校の同僚には話していなかった。悪いようにとられたくなかったからだ……。高等師範学校のラボ長のポストを拒否したばかりだというのに、研究所の所長というオファーをどうして受けられるというのだろう。私はここリヨンで開花したのに、なぜパリに行くのか。いまどき科学研究所の所長なんてなりたい者などいるのだろうか。毎年、制約が厳しくなる一方の規則に所員を従わせるべく、管理業務に忙殺されるだけではないか。

　だが、候補に挙がっていることを伏せてもらえると思っていたと

は、私はなんておめでたかったのだろう。フランスではあり得ないことではないか……。この件は、リヨンの同僚たちにあっという間に知られてしまい、呆れられた。どだい、私のような年齢の研究者が重責で知られる役職を引き受けようとするなんて、身のほど知らずもいいところだ。だからリヨンの同僚は、私が何か隠していて、この候補者騒ぎの裏には何か個人的な秘密があるに違いないと考えていた。

　秘密などない。とんでもない。私はただ、心からその挑戦に応じてみたいと思っただけなのだ。ただし良い条件でトライしたかった。しかしながら、あまり期待できるような知らせはなく、フランスでの話し合いは行き詰まっているようにみえた……。はたして私は、パリに上陸することになるのか、リヨンに戻ることになるのか？

　おそらくそのどちらにもならないだろう。チーズがあろうとなかろうと、ここでの生活はとても快適だ。そのうえ私は、さらに1年間プリンストンに留まらないかと勧められていた。実際、私はここの生活になじんでおり、経済的にも物質的にも素晴らしい待遇を受けさせてもらっている。そして何よりも、クレールがここで研究員としての仕事を再開したばかりだった。彼女はプリンストン大学博士課程の地球科学の講義に熱心に通っており、人々を驚かせるような新たな大発見について研究中のグループにも入れてもらっているのだ。もしかしたらそれがおなじみの動物の最古の化石になるかもしれないという。すごい話だ！　グループ長はクレールにポスドクとして実習を始めないかと勧めている。いずれにしても、彼女はプリンストンまで私についてくるために、リヨンでの教職を辞していた。そして次期の採用に向けて求職活動をするにはすでに時期的に遅れをとっている。こうしたもろもろによって、あまり帰国する気になれなかった。クレールにとっては、ここに留まるほうが間違いなく簡単で、満足がいく結果になるだろう。

　このような状況でプリンストンの誘惑に負けずにいることは難しかった。もちろんパンの品質において遅れを取っている国を安住の地とするのは考えられないが……数年なら悪くない。ともかく、パ

リの研究所が私に対していい提案をできないというのならば、私にはどうしようもない！

　数週間前からこのようなことが頭の中をぐるぐる回り、心かき乱していた。そしてまさに昨晩、私はIHP所長のオファーを辞退するメールをフランスに送ろうと決意した。

　ところが、今朝電子メールの受信箱を開いてみたところ、ついに返事が来ていたのだ。青天の霹靂だった。驚くことに、私のつけた条件はすべて受け入れられた。これまでの報酬の差額分も、講義の免除も、個人的に受けていた奨学金の延長も認められた。こうしたことはすべて米国では当然のことだが、フランスでは破格の契約だ。クレールは私の肩越しにそのメールを念入りに読んだ。
「先方が必要な条件をすべて整えてくれるというのなら、あなたは帰国すべきだわ」

　私も同じことを考えていたのだ。6月末でフランスに帰る。つまりプリンストンにはさよならを言おう。

　新しいアメリカ人の同僚たちにも、私が彼らとともに長くはいられないということを知らせておかなければならない。振り返ってみれば、それをいいことと受け止める人（「頑張れ、セドリック。やりがいのある仕事になるよ」）、私のためを思って心配する人（「セドリック、よく考えたのかい？　あんなにややこしい研究所の所長になるなんて、研究生活が終わったも同然だよ」）、そしてひどく気分を害した人（プリンストンで最もよく知られた研究者が、以後3カ月間、私に一言も話しかけようとしなかった）もいた。同業者との付き合いという意味では、米国でもフランスでも一層難しい問題を抱えることになってしまった。

　そのような当惑した状況の中で、一つだけ確かなことがあった。自分の身に起こっていることの中で何よりも重要なのは、クレマンとの現在進行中の仕事なのだという事実だ。

*

ピエール・マリー・キュリー大学（パリ第6大学）のキャンパス内に建つ《数理理論物理会館》、つまりポアンカレ研究所（*IHP*）は、*1928*年、当時孤立していたフランス数学界を解放するために設立された。この研究所はあっという間にフランスの科学教育とフランス文化の中心地になる。アインシュタインはここで一般相対性理論を講義し、ヴォルテラは生物学における数学解析をフランスに紹介した。また、*IHP*はフランス初の統計研究所を設置し、フランス初の計算機プロジェクトを開始した。芸術家もこの研究所を頻繁に訪れた。マン・レイの写真や絵画からもうかがえるように、シュールレアリストたちはここで着想を得るのを好んだのである。

　*1950〜60*年代、研究所はパリ大学の数学教育の場となっていたが、*1970*年代にいったん閉鎖に追い込まれた。現在の形に落ち着いたのは、再び設立され組織が刷新された*1990*年代初頭のことである。このとき、ピエール・マリー・キュリー大学（*UPMC*）内の提携校になるのと同時に、国立科学研究センター（*CNRS*）が支援する国の科学政策の拠点となった。大規模大学による密な運営のおかげで*IHP*は不安定な体制とは無縁であり、（技術面でも運営面でも）本来この程度の規模の研究所なら確保できないぐらい大がかりなチームによる調査・研究活動が保証されている。*CNRS*による支援体制のおかげで*IHP*はさらなるリソースを得ており、国内の優秀なネットワークの恩恵を受けている。

　*IHP*はさまざまな役割を担っている。たとえば、国内外の科学交流の場としての役割が挙げられる。あるテーマを決め、それに沿ったプログラムを提供したり、博士課程の高いレベルの講義を行ったり、数え切れないほどのシンポジウムやセミナーを開催したりしている。また、フランス各地の大学の横のつながりを円滑にし、社会に対してはフランス数学界を代表する大使のような役割を果たしている。パリの科学界の豊かさがここでも保たれており、国際的な土壌に置いてみても、類まれな個性を発揮している。*IHP*理事会は、その一部が国民投票で信任された人々で構成され、フランスの数多くの科学研究所を代表する面々が名を連ねている。そして科学

委員会は完全に独立性を保っており、科学界の第一人者で構成されている。由緒ある建物、文献を集めた図書館、海外研究者の招聘に関するノウハウ、数学関連の学会・協会との密なパートナーシップも、この研究所の輝かしい発展に寄与する要素をなしている。

  アンリ・ポアンカレ研究所に関する概要メモより抜粋
  （2010年9月、C. ヴィラーニ）

第 17 章

2009 年 2 月 25 日午後、プリンストン

　学校から帰ってきた子どもたちは、小屋をいくつか作り、芝生にいるリスたちを観察している……。
　だが、電話の向こう側のクレマンはのんびりしている場合ではないようだった。
「階層化して評価すれば、僕が前から言っていた問題のいくつかは解決することができますが……それでもまだたくさん問題は残っているんです！」
「いいじゃないか。なんだかんだ言っても前に進んでいるのだから」
「アリナック－ジェラールの概論をじっくり検討しましたが、評価していくと、すごく気がかりなことがあるんです。正則化項を 0 に収束させるには、正則性に少し余裕があるべきでしょうし、おまけにその正則化がこのスキームによる双指数関数的な収束性を殺してしまう可能性があります」
「ううむ、そうだな。そこまで気がまわらなかった。ニュートン法の収束の速度が損なわれるのは確かか？　よし、うまい方法を見つけよう」
「それから解析的正則化の定数はとんでもないですし！」
「まあそうだ。実際、その指数の定数はやっかいなんだ。だがそこもなんとか切り抜けよう。この点に関しては自信があるんだ」
「それに結局のところ、こうした定数は速く大きくなりすぎて、ニュートン法の収束速度では相殺できないのです！　どうしてかというと、時間の逆数の関数 b がありますね、これが原因となる誤差を制御するためにバックグラウンドを正則化する必要があるのですが、そこに定数があるからなんです。この定数は散乱由来のノルムを抑え込まなければいけないのですが……このノルムはニュートン

法の最中に増加します。こっちとしてはλ上で総和可能な損失が欲しいというのに！」
「わかったよ。君の言うとおりだ。確かにどうすればいいのかまだはっきりとはわかっていない。だが、大丈夫。なんとか切り抜けられる！」
「ちょっと待ってください。まだあなたは正則化で本当に切り抜けられると思ってるんですか？」
「もちろんだとも。技術的な細かい問題にはまっているとはいえ、全体的にはすごい前進なんだ！　共鳴とプラズマエコーの動作についてもわかったし、時間のごまかしに関する原則も判明したし、散乱に関してはいい評価ができていて、いいノルムもあるのだから、あともう少しだよ！」

　その日、クレマンは私のことを極端な楽観主義者だと思ったに違いない。全然解決の見込みがないというのに驚くほど望みを失わないなんて、頭が少しおかしいんじゃないかと思っていただろう。またもやおぞましい袋小路に入ってしまったが、それでも私は信じていた。忘れてはならないのは、ここ3週間、私たちはすでに3回も袋小路にはまったが、そのたびに非常用の出口を見つけ出したということだ。せっかく乗り越えたと思った障壁が違った形でまた目の前に現れてくるのも確かではあるが……。まったく、非線形ランダウ減衰はまるでレルネのヒュドラだ〔訳注：9つの頭をもつ水蛇の怪物〕！だがその日、私は、どのような困難が立ちふさがろうと、私たちの行く手を阻むものは何もないと確信していた。"私の心が、やすやすと乗り越えていくだろう"〔訳注：アポリネールの詩 *L'espionne*《女スパイ》からの一節〕

*

Date: 2009年2月2日（月）12：40：04 +0100
Subject: Re:　統合ファイル10版
From: クレマン・ムオ <cmouhot@ceremade.dauphine.fr>

To: セドリック・ヴィラーニ <Cedric.VILLANI@umpa.ens-lyon.fr>

思いつくままにコメントします。

・二つの偏位があるノルムについては、今のところ自信があります。今、散乱に関する部分を丁寧に見ています。僕の出した評価が、散乱を二つの偏位があるノルムに移行させるのに十分かどうかチェック中です。

・5 節については了解です。実際、正則性の移送＋減少の獲得にぴったりはまります。なんて美しいのでしょう！　「減少の獲得」部分が何をもたらすのかが正しく理解できているとすると、「大きな」ずれがいくつかの関数のうちのただ一つにおける偏位に移されることになります（それが、二つの偏位があるノルムの二つの偏位の間の差分になります）。これを密度による「場」に適用できないかと思っているのですが、無傷ですみますかね？

・6 節について大まかな考え方と計算については了解です。ですが、僕ならむしろ（1）級数の和を k と l でとらずにやりたいですね。係数の和がとれるとは思えないからです（たいしたことではないですが）。それから（2）定理 6.3 の仮定でイプシロンを小さくとるなら、c も小さく取らないといけないように思いますが、続きでそれが確認できないでしょうか？　その他コメント追って送ります……。
クレマン拝

Date: 2009 年 2 月 8 日（日）23：48：32 -0500
From: セドリック・ヴィラーニ <Cedric.VILLANI@umpa.ens-lyon.fr>
To: クレマン・ムオ <cmouhot@ceremade.dauphine.fr>
Subject: ニュース

さて、いいニュースが二つある：

・プラズマエコーについての論文を読んでみたところ、6 節であれほど気がかりだったこの現象は厳密に同じ「共鳴」によって引き起こされていることがわかった。実をいうと、その論文でも\tauなど、ほとんど同じ記号を使っていたので、なおさらだまされてしまったのだけどね……。このことからも、6 節の中で危ういと思っていたことは、物理学的に重要な問題だという確信が強くなった。つまり、プラズマ内でのセルフコンシステントなエコーがたまって、少しずつ減衰を破壊するのかどうか確かめなければならないということだ。

・5 節で「暫定的に」後回しにしていた \ell = 0 の項を扱ういい方法がみつかったと思う（定理 5.8 で\sigma_0 の場合：他と同様に評価するが、項は全部そのままにして、時間が大きい場合\|\int f(t,x,v) dx \|= O(1) であること（あるいはむしろ\|\int \nabla_v f(t,x,v) dx \|= O(1)）を利用する。この結果は f(t,x,v) 上をスライディングノルムで評価したから得られたのではなく、これもまた評価値なのだ。自由輸送の解として、\int f(t,x,v) dx は、時間が経っても保存されているのだから、完全に理屈が通っている。散乱を足すともはや O(1) とはならず O(t-\tau) あるいはそのようなものになる。そこで最新版の定理 5.8 で私がそのままにした t-\tau の指数関数的な減衰によって相殺されるに違いない。

添付した最新版で変更したのは次の通り：

＊プラズマエコーについてのこれらの文献を説明するために 1 節と 2 節を変更（この文献の中で実験がどれに相当するのかよくわからなかったのだが、数学屋の誰もがこの最も重要な点を見落としているようなので、これに関しては、われわれは誰よりも何キロも先を行っていると思う）。

＊4節の最後にもう一つ小節を加えた。これから使うことになるノルムが時間に関してどうふるまうかをはっきりさせるためだ。ここで、あの空間的平均値による正則化のエピソードに触れている。これはキースリングが指摘してくれたもともとの話とも整合性がとれている。

＊\ell=0 の項の処理について考慮するため第5節を変更。

＊プラズマ実験についての参考文献を追加。

したがって重要なことは、8節の中でf上のスライディングモードの正則性を伝搬するだけでなく、\int f dx に関する（tにおいて）一様な（vにおける）正則性も伝搬しなければならないだろうということだ。

7節はどこも変更していないが、君も見てのとおり、7.4節「改良点」に書いたものは現状にマッチしていない。これは、(\lambda \tau + \mu) − (\lambda' \tau' + \mu') の差、あるいは同じような類のものを本当ならば計算に入れなければならないと気づく前に書いたものだからだ。
そして8節も変更していないが、ここにも f_\tau の「零モード」について現状に合わなくなってしまったものがたくさんある。
君のほうは何か進展あったかな？　今やすべては7節にかかっているよ。

セドリック拝

Date: 2009年2月14日（土）17：35：28 +0100
Subject: Re: 　統合ファイル第18版　最終稿
From: クレマン・ムオ <cmouhot@ceremade.dauphine.fr>
To: セドリック・ヴィラーニ <Cedric.VILLANI@umpa.ens-lyon.fr>

さて、これが第 19 版となるはずです。一つの偏位および二つの偏位があるハイブリッドノルムにおける散乱についての定理 7.1 と 7.3 の完全版となります。見たところ（やれやれ！）4 節にある二つの偏位の合成に関する定理はこの証明には十分だと思います。うまくいっているように思いますが、よく確認してください。二つの偏位に関するこの 19 版は、まだものすごい状態なので……。例のソボレフの補正はまだここに組み込んでいないのですが、この点にはおそらく危険は少ないと思います。仮に危ういところがあったとすれば、一つ変更したところがあるからです（一つの偏位がある定理も含みます）：これは 8 節で要求されていることですが、添え字と振幅に関する損失の評価は、いまや一様というだけでなく、\tau \to +\infty において 0 に近づくように拡張されています。これらの損失は (t-\tau) が小さいときには O(t-\tau) となります。ソボレフの補正を加え、7 節との関連で 8 節を完成させるため、この件はまた明日説明します。クレマン拝

Date: 2009 年 2 月 20 日（金）18 : 05 : 36 +0100
Subject: Re: 作成中第 20 版
From: クレマン・ムオ <clement.mouhot@ceremade.dauphine.fr>
To: セドリック・ヴィラーニ <Cedric.VILLANI@umpa.ens-lyon.fr>

まだ作成中ですが二つの偏位を重ねた完成版定理を載せた第 20 版をお送りします。ところで定理 5.9 との関連で根本的な問題が発生しました：（定理 5.9 で要求されていますが）この結果では、ナッシューモーザーのスキームを用いる間、関数 b を 0 には近づけられません。というのも、b は散乱に起因する誤差の補正に使われていて、その誤差が場と結びついているために 0 に近づかないからです……。今、定理 5.9 を詳細にわたって検討しています。

クレマン拝

第 18 章

2009 年 2 月 27 日、プリンストン

　今日の研究所はお祭りのような雰囲気だ。幾何学的偏微分方程式に関するシンポジウムがあるのだ。スター級の学者がたくさん名を連ね、豪華な顔ぶれになっている。登壇者はみな、プリンストンに来て講演をするという名誉な依頼に応えたのである。

　講堂で私は一番奥に陣取った。受付としてしつらえた大きな机の後ろに立ったのだ。研究所のテニュア〔訳注：終身雇用された教授〕であるピーター・サルナックからこの一番いい場所を半ば強引に譲ってもらった。ここなら絶対居眠りすることもなく、机の上にメモを広げることもできる。講堂の座席についてしまうと、眠気に襲われる確率が少し高くなるし、小さなメモ台で我慢しなければならない。

　講演を聞きながら、時おり私は靴を脱いで靴下のまま講堂の後ろで行ったり来たりしていた。こうすると、思考が活性化される。

　休憩時間になると、靴を脱いだまま階上にある私の仕事部屋に急いだ。クレマンに電話をかけなければならない。
「クレマン、昨日のメール見てくれたかな？　新しいファイルも」
「特性曲線の式が冒頭に書いてある新しいスキームのことですか？　ええ、見ましたよ。計算を始めましたが、これまた、とんでもない代物のようですね」

　まったく、二人で話していると「とんでもない代物」という言葉がひっきりなしに登場する……。クレマンは続けた。
「収束性が問題になるような気がします。ニュートン法や線形化の誤差の項が心配です。それに、それよりも技術的な点で気になるところがあります。どの場合でも、前の段階の散乱の影響を受けますが、それは小さくないじゃないですか！」

　私はがっかりした。このアイディアは素晴らしいと自負していた

のに説得力がなかったようだ。

「いいだろう、様子を見てみようじゃないか。うまくいかなかったら仕方ない。今のスキームのままでいくぞ」

「ともかく気が滅入ってきます。すでに100ページ以上も証明を書いてきましたが、まだ解が見えてこないんですよ‼ 本当にたどり着けるんでしょうかね？」

「まあまあ、こらえてこらえて。あと少しの辛抱だから」

階下では休憩時間が終わっていた。私はシンポジウムの続きを聞こうと急いで下に降りていった。

*

偏微分方程式（PDE）はさまざまな変数に応じた特定の数量の変化率の関係を表す。最もダイナミックで多様性に富む数学の一分野であり、単一化しようとするさまざまな試みに真っ向から挑んでいる。PDE は物理的連続体のあらゆる現象に現れ、気体、液体、固体、プラズマといった、物質のすべての状態に関連する。同様に、古典力学、相対性理論、量子力学といった物理学のあらゆる理論にも関わっている。

しかしながら、偏微分方程式はさまざまな幾何学的問題のなかにも出現し、その場合には、幾何学的 PDE と呼ばれる。PDE によって記述されたしっかりとした法則に沿って、幾何学的対象を変形させることができる。この分野では、幾何の問題に解析学的な考え方が適用される。さまざまな種類の考え方をミックスしたこの考え方は、20世紀に入ると広く使われるようになった。

プリンストンで 2009 年 2 月に開かれたシンポジウムは、三つの主要なテーマを掲げていた。共形幾何学（角度は保ったまま距離をゆがめる幾何学的な変換）、最適輸送（あらかじめ設定された初期配置から同様に設定された最終的な配置まで、できるだけ少ないエネルギーで質量を運ぶにはどうするか）、自由境界問題（ある物質の二つの状態、あるいは二つの物質を隔てる境界の形の研究）の三

つである。そしてこれらの三つの分野は幾何学、解析学そして物理学のいずれにも大きく関わってくる。

*1950*年代、ジョン・ナッシュは、等長埋め込みを抽象化した幾何学の問題が、偏微分方程式を詳細に分析する技法によって解けることを発見し、まさに当時の幾何学と解析学の間に保たれていた均衡を崩した。

そして数年前、グリゴリー・ペレルマンはポアンカレ予想を解くべく、リチャード・ハミルトンが導いたリッチフローと呼ばれる幾何学的 *PDE* を利用した。幾何学の象徴的な問題に対してこの解析的な解き方を用いたことから、またも研究分野間のバランスが崩されたことになり、幾何学的 *PDE* にとってはこれまでにない大きな飛躍となった。こうして、ペレルマンが与えた大きな衝撃は、*50*年の時を経てナッシュに応じるエコーのように響いたのである。

第 19 章

2009 年 3 月 1 日、プリンストン

　信じられない！　私は、自分のパソコンのスクリーンに映し出されたばかりのメールを我が目を疑いながら何度も繰り返して読んでいた。

　クレマンが新しいプランを思いついたって？　もう正則化は使いたくないというのか？　正則性が損なわれた分を時間のずれとして取り返す方法では進めないというのか？

　そもそも、なぜ今さらそんなことを言い出すのだ？　ナッシューモーザーの証明と同じように正則化をつけてニュートン法を使うことを何カ月も前から考えてきたというのに。ここにきてクレマンは、正則化なしのニュートン法を扱わなければならないと言い出すのか!?　しかも初期時刻と終端時刻という「二つの異なる時間」を保ったまま、軌道に沿って評価しなければならないだと??

　まあ、確かにそれもいいかもしれないが、それにしてもだ！　セドリック、気をつけろ。若者は手強いからな。今やおまえさんは追い越されつつあるぞ！

　わかっているさ、それが避けられないことは。いつか若者に負かされる日が来るものだからな……。でも……、もう？

　いじけるのはあとにして、今やらなければならないのは、クレマンが何を言わんとしているのか理解することだ。だいたい、この評価云々というのは何なんだ。どうして初期時刻を維持しなきゃいけないというんだ？

　結局その後、クレマンと私はこのプロジェクトにおける互いの発見をうまく分担することになる。私はノルム、偏位の評価、長い時間での減衰、エコーを受け持ち、クレマンは時間のごまかし、誤差の層化、二つの時刻の評価、正則化なしの方法を担当すること

なった。それから二人の共同作業で生まれたスライディングノルム。これについては、いまやどちらの着想によるものなのかわからなくなっていた……。もちろんこれまで思いついた数百におよぶちょっとしたアイディアはいうまでもない。

振り返ってみると、プロジェクトの真っ最中に違う方向に向かうことになったのはそれほど悪くはなかった。それぞれが自分のアイディアに固執し、相手の意見には一切耳を傾けない状態が1、2カ月続いたが、いまや、二つの視点を融合させる時が来たのだ。

ともかく、クレマンが正しいとすると、理屈の上では最後の障壁を突破したことになる。この日、3月1日日曜日をもって、私たちの試みは新しい段階に入った。ますますややこしいが、より確信がもてる段階である。全体のスキームがしかるべき場所に落ち着き、ありとあらゆる方向へ探索するのはおしまいになった。これからやるべきことは、根拠を固め、強化し、確認し、確認し、確認すること……解析に私たちの火力を集中させる時が来たのだ！

ずっと後になってクレマンは、まさにこの週末にすべてから手を引こうと決断していたと私に打ち明けた。土曜の朝、気が滅入るようなメールを書き始めていたのだという。「すべての希望の光が消えました……。僕たちは暗礁に乗り上げてしまって、ここから立て直すのは無理です……ここから脱出する道は見えません……僕は降ります」。だが、それを送ろうとした瞬間にためらい、もっと私を説得し、励ますようなことを書きたいと思い直し、そのメールを保留にしたそうだ。そして夜になり、むなしさにとらわれたまま再び書き始めようと紙と鉛筆を用意したとき、いきなり素晴らしい戦術が頭に浮かび、驚いたという。熟睡できないまま数時間うとうとしてから朝の6時に起きると、彼は保留にしていたメールを破棄し、私たちを苦境から救う鍵となるに違いないアイディアを文章化した。

この日、私たちは、プロジェクト自体をあきらめてしまう一歩手前のところで踏みとどまった。何カ月にもおよぶ作業が水の泡になりかけていた。冷蔵庫の中に保存されればいいほうで、燃やされて灰となっていたかもしれなかった。

だが、大西洋のこちら側にいた私は、最悪の事態を危うく免れたところだとは知る由もなかった。あのとき私に見えていたのは、クレマンのメールを通して感じられる熱意だけだった。

　明日は子どもの面倒をみることになっている。猛吹雪のために学校が休みなのだ。けれども、あさってからは大変なことになるぞ。覚悟してこの問題に取り組むしかない。これからはどこに行くのもランダウと一緒だ。森に行こうと水辺に行こうと横になろうと。ランダウよ、覚悟しておけ。

　2009 年 2 月、私はクレマンと 100 通以上のメールをやりとりしたが、3 月はその数が 200 通以上になるだろう。

*

Date: 2009 年 3 月 1 日（日）19 : 28 : 25 +0100
Subject: Re: 　統合ファイル 27 版
From: クレマン・ムオ <cmouhot@ceremade.dauphine.fr>
To: セドリック・ヴィラーニ <Cedric.VILLANI@umpa.ens-lyon.fr>

もしかしたら別の道に希望があるかもしれません。正則化をやめて、スキームのそれぞれの段階で必要になる一つの偏位のノルムを伝搬させるのです。ただし、その前の段階の特性曲線に沿ってやります。したがって、n 次において以下の評価を順番にしていきます（lambda と mu における総和可能な損失については省略します）。
1）ノルム F は密度 \rho_n のノルムで添え字 lambda t + mu をもつ。
2）ノルム Z は分布 h_n のノルムで添え字 lambda、mu、t をもつ。
3）ノルム C は空間的平均 <h_n>のノルムで添え字 lambda をもつ。
4）ノルム Z を時刻 tau で評価する。ただし tau は n-1 次の（完全）特性曲線 S_{t,tau}に沿った -bt/(1+b) のずれをもつ。ここで次の式

$$H_\tau := h^n{}_\tau \circ S_{t,\tau}^{n-1}$$

を tau で微分すると、次のような方程式が得られます（符号はいい加減です）。

$$\partial_\tau H = (F[h^n] \cdot \nabla f^{n-1}) \circ S_{t,\tau}^{n-1} + (F[h^{n-1}] \cdot \nabla h^{n-1}) \circ S_{t,\tau}^{n-1}$$

方程式全体を見ると、もはや場ではなくなっているので、右辺をまとめて一つのソースとして扱い、密度について項目 1) の評価を用いることにします。ノルム Z は b のずれのもとで評価します。このずれによる特性曲線が原因で引き起こされる誤差は密度で考慮します（ノルムは x に射影されるからです）。それ以外の項については、現時点でのノルムを前の点のノルムで抑え込めるという再帰性の仮定を用います。

5) ここで必要となるのは、$f^n \circ S_{t,\tau}^n$（正しい次数 n での特性曲線）の（偏移ノルムにおける）評価です。それには $f^{n-1}\circ S_{t,\tau}^{n-1}$ を用いた（偏移ノルムでの）再帰性の仮定のもとに評価を用います。それに加えて、上記 4) のおかげで、$f^n \circ S_{t,\tau}^{n-1}$ における評価が得られます。それから、n が無限大となる極限で総和可能な損失を除いて、$f^n \circ S_{t,\tau}^n$（n 次の特性曲線）は $f^n \circ S_{t,\tau}^{n-1}$（n-1 次の特性曲線）を抑え込める、ということを使う必要があります。

したがって、全体の考え方をまとめると次のようになります：

・密度の評価をする方法には、選択の余地はありません。特性曲線

と、(1次のずれをもつ) 偏移ノルムが必要になります。ただし、一つ前の特性曲線に沿った一つ前の分布を用います。

・ただ、特性曲線を抑え込む評価が一旦得られたら、特性曲線に沿って偏移ノルムを使って進められると思います。というのも、密度に射影してしまえば、この二つの現象は相殺されるからです。

一方で、僕がここまで述べてきたことで一つ後回しになっている点があります。それはバックグラウンド上の v における勾配は、特性曲線との合成に関して可換ではないことです。ですが、(\nabla_v f^{n-1}) \circ S_{t,tau}^{n-1}の偏移ノルムが \nabla_v (f^{n-1} \circ S_{t,tau}^{n-1}) の偏移ノルムに対して定数倍小さいというような関係があるかもしれません...。

もし、今、お手すきなら、電話でお話しするのはどうでしょう。あと 1 時間ぐらいは自宅にいます。基本的に二つの段階を区別し、2 回目では特性曲線に沿って見なければならないという違いはあるにせよ、かなりの部分をあなたのスキームに加えることができると思います。

クレマン拝

Date: 2009 年 3 月 2 日 (月) 12:34:51 +0100
Subject: 第 29 版
From: クレマン・ムオ <clement.mouhot@ceremade.dauphine.fr>
To: セドリック・ヴィラーニ <Cedric.VILLANI@umpa.ens-lyon.fr>

というわけで、これが第 29 版です。昨日お話しした戦術を入れ込むのに本当に頑張ったんですよ:
線形安定性に関して 9 節を全部書き直しました。それからニュートン法に関する 11.5 節と 11.6 節に、収束性の検討の概要を入れて書き直してあります。よほどの間違いがない限り、本当にゴールに

近づいた気がしてきました!!

第 20 章

2009 年 3 月 11 日、プリンストン

　食堂でおいしい食事をして戻ってきた。会話は盛り上がり、数学の話だけでなく、陰口もたくさん聞いた。

　この日、私の前に座って食事をとっていたのはピーター・サルナックだ。彼の師であったポール・コーエンについて聞いてみることにした。コーエンは連続体仮説の決定不能性を証明し、その後数学の別の最先端分野へ移った人物だ。ワクワクするような研究をしたいと願っていた若かりし頃のピーターは、彼を慕って生まれ故郷の南アフリカを後にした。ピーターは誰もが知る持ち前の情熱でコーエンに語りかけ、他の人の成果に基づかずに「無から」問題を解く彼のスタイルを一層強いものにしたのである。

Peter Sarnak

ピーター・サルナック

「コーエンは積み上げ型の数学を信じていなかったんですよ！」
「積み上げ型の数学ですって？」
「そう。彼は数学を、一気に飛躍して進歩するものだと考えていま

した。あなたも私も他の人たちもみんな、他の研究を改良することで進んでいくのに、コーエンは違ったんです！　何かを『改良する』という言葉は彼には禁句でした。そんなことを言おうものなら手厳しくやり込められていたでしょう。彼は『革命』しか信じなかったんです」

ピーターの隣に座るのはいつも楽しい。同じテーブルには、私と仕事部屋が隣同士の若いイスラエル人、エマニュエル・ミルマンもいた。凸幾何学の若き新星だ。父親も祖父もおじも数学者という家系に生まれたエマニュエルは、自身も父親になったばかりだった。子どももいつか数学者になるのだろうか？　ともかく彼も、かわいい我が子について話すときと同じくらいの情熱で数学への期待を語る。

エマニュエルのそばには、70年代に共産主義国だったルーマニアから亡命したセルジウ・クレイネルマンがいた。彼は、驚異のギリシャ人数学者デメトリオス・クリストドゥルとともに一般相対性理論に関する基本的な結果を500ページも割いてよどみなく証明したことによって、世界的に有名になった。数学、政治、エコロジーなどどんなテーマであっても、意見がしょっちゅう対立するセルジウと話すのが私は大好きだ。

そして私たちのテーブルでの会話があれほど活発になったのは、ジョエル・レボヴィッツのおかげでもあった。彼はもう80歳を過ぎているというのに相変わらずエネルギッシュだ。何に対しても関心を示し、徹底的に知りたがる。彼がひいきにしている分野の統計物理学について話を振ろうものなら、誰も彼を止めることはできない。

私はジョエルがいるこのチャンスを利用し、彼からエマニュエルに剛球気体の相転移を説明してもらえないかと頼んだ。これは簡単で基本的な問題であり、半世紀も前からあらゆる統計物理学者の想像力を試すものと考えられている。

なんと言っても2009年になってもまだ、液体は温めるとなぜ気体になるのか、冷やすとなぜ固体になるのかといった状態の変化の謎を誰も解明できていないとは、まったく信じられないことである。

Joel Lebowitz
ジョエル・レボヴィッツ

だが、エマニュエルのような若手がこの先、新しいアイディアを思いつくかもしれない……。

　昼休みの後、進行中のあらゆる問題が頭の中に戻ってきた。相変わらず、ポアンカレ研究所の件では、解決すべき事務的な問題が残っている。いや、問題というより、ポアンカレ研究所の所長職を務めながらリヨンでのポジションもキープしたいという私のこだわりである。リヨンのラボでは、気心の知れたアリス・ギヨネが私の味方をしてくれているものの、すべてがややこしくなりすぎていた……。それから連続セミナーの準備もしなければならない。何より、ランダウ減衰の研究がまだ終わっていないのだ。ここ10日間、クレマンと私は論文を10回も書き直していた。現時点での最新版は第36版で、130ページにもおよぶ。数々の間違いを見つけては直し、非常に有意義な反証例の節を新たに加えた。そして、リヨンでの同僚フランシス・フィルベがコンピュータで作成してくれたランダウ減衰の素晴らしい画像も入れられた。だが、まだまだやるべきことはたくさん残っている！　私は頭の中で、やるべきことをそっと反芻してみた。

　——特性曲線の評価の精度を上げ、上限をノルムの中でとるように移し、@!*#……クーロン力の相互作用に集中して、そこらじゅ

うでソボレフの意味での滑らかさの指数を修正し（添え字が七つだって？　なんてこった！）、ニュートン法に沿って指数関数のなかで階層化を維持し、あの途方もない再帰的な手続きがうまく進むようにして……。

だが、疲れを知らないジョエルが、別のフランス人同僚とともにワークショップに私を引きずり込もうとした。大きな絶望感に襲われていく。集中してやらなければならないことがあまりにも多すぎ、ここ数日は朝2時まで仕事をしているのだ……。食後のけだるさの中、うまく考えをまとめることができない。ジョエルにノーと言えるわけがないが、ワークショップが長々と続くと考えるだけで気が滅入る。結局、浅ましい言い訳をすることにした。「学校に子どもを迎えに行かなければならないので」と言って切り抜けたのだ（今日はママが迎えにいく番だったのだが）。二人の同僚がワークショップに行くのを見送ってから、そっと自分の仕事部屋に戻り、床に仰向けに寝転がって眠りこんだ。悩み多き私の脳が、考えをきっちり整理することができるように。

目が覚めるやいなや、私は仕事を再開した。

*

若き頃、プリンストンにおけるナッシュの同僚であり、かつ野心にあふれたライバルであったポール・コーエンは、*20*世紀において最も創造性に富んだ才能の持ち主の一人である。彼の業績の中で最も偉大な輝きを放っているのが、連続体仮説を解いたことだ。これは中間の基数の問題とも呼ばれている。この謎は、*1900*年にヒルベルトによって発表された*23*の問題の一覧に入っており、当時は数学で最も重要な謎の一つであると考えられていた。彼はこの問題を解いたことによって、*1966*年にフィールズ賞受賞の栄誉に浴することになる。

連続体仮説を理解するには、次に挙げるいくつかを思い起こすことが役に立つ。整数（*1, 2, 3, 4, ...*）はもちろん無数に存在する数

である。分数（*1/2, 3/5, 4/27, 53417843/14366532, ...*）も同様だ。分数は整数よりも数が多いように見えるが、錯覚に過ぎない。たとえば次のように分数を数え上げてみよう。

1, 1/2, 2/1（=2）, 1/3, 3, 1/4, 2/3, 3/2, 4, 1/5, 5, 1/6, 2/5, 3/4, 4/3, 5/2, 6, ...

以下、少しずつ合計（分子＋分母）を増やしながら、続けていく。これはイーヴァル・エクランドが自身で書いた楽しい童話 *The Cat in Numberland*《数の国のネコ》でも巧みに解説されている。したがって分数は整数よりも数が多いということはなく、ちょうど同じ数しか存在しない。

反対に、実数に目を向けてみると、小数点以下に無限桁の数字を並べて書き表される実数（分数の「極限」と呼ぶべき数、と言ってもいい）については、カントールの素晴らしい論証によって、分数よりはるかにその数は多く、分数のように数え上げることはできないとわかっている。

したがって、整数の個数は無限であり、実数の個数も無限であるが、実数の個数は整数よりもさらに多い。であるならば、整数の数より多く、実数の数より少ない無限というのは存在するのだろうか？

この問題を前に、論理学者は何世代にもわたって歯ぎしりをしてきた。この中間の無限大が存在するのは真だという方向で証明しようとする者がいる一方、存在しない、否であるとする者もいた。

ポール・コーエンは論理学の専門家ではなかったが、自分の頭脳の力を信じていた。そこでこの問題について研究することにした。彼がある日、その答えは真でもなければ否でもないと証明してみせたときには、誰もが驚愕した。中間無限大が存在する数学的世界もあれば、中間無限大が存在しない数学的世界もある。私たちは好きなほうを選べばよいのだ。だが、この二つの世界のどちらがより自然であるかという問いの答えを見つけ出そうという試みは今でも続いており、集合理論の専門家たちが今もなお、それに向けて研究を行っている。

＊

　統計物理学とは、非常に数が多い粒子によって構成されるシステムの特徴を発見しようという科学であり、ジョエル・レボヴィッツはその父である。気体は数十億のまた数十億乗の分子からなり、地球上の生物の種類は数百万におよび、銀河は数千億もの星からできており、結晶格子も数十億のまた数十億乗の原子でできている……。したがって統計物理学が対象とする問題は、それはもう数多く存在する。約 *60* 年前から、ジョエルは尽きることのないエネルギーを自身の情熱のために捧げ、休むことなく数学界や物理学界の僚友たちと研究に励んでいる。かれこれ半世紀以上、*1* 年に *2* 回セミナーを開いているだけではない。彼が主催する一連のシンポジウムは間違いなく最も歴史が古く、現役の研究者が運営したあらゆるシンポジウムの中でも最も充実したものとなっている。

　80 年以上も前にチェコスロバキアで生まれたジョエルは、よくも悪くも数多くの思い出に満ちた人生を送ってきた。前腕に入れられた数字の入れ墨について、彼は一切触れようとしない。どのような集まりであっても、ジョエルは真っ先に笑い、飲み、いつも同じ雰囲気で、同じ口調で、もちろん統計物理学について議論する。同僚の一人が、人々のエネルギーを測るのに、ミリ・ジョエルとか、*1000* 分の何とかジョエルという単位を用いるべきだと笑いながら言ったことがある。だが、ジョエルの *1000* 分の *1* の精力があれば十分だ。よく考えてみれば *1* 兆分の *1*、そう *1* ピコ・ジョエルでもあれば上出来かもしれない。

＊

Date: 2009 年 3 月 9 日（月）21：42：10 +0100
From: フランシス・フィルベ <filbet@math.univ-lyon1.fr>

To: セドリック・ヴィラーニ <Cedric.VILLANI@umpa.ens-lyon.fr>
Cc: クレマン・ムオ <cmouhot@ceremade.dauphine.fr>

ハロー、週末にここまでできたよ。
荷電粒子の数値シミュレーションの部分の短い動画については大した出来じゃない（デプレシャンの映画にはおよばないな〔訳注：著者は、アルノー・デプレシャン監督作の『クリスマス・ストーリー』で数学アドバイザーの一人として製作に参加している〕）。
http://math.univ-lyon1.fr/~filbet/publication.html
これはプラズマの場合。まだ重力に対応するように符号を変えていないが、君が言っていることにすごく驚いているよ。周期的な境界条件がある場合、周期的なポテンシャルを維持する、つまり \int_0^L E(t,x)dx= 0 とするためには、相殺するバックグラウンドが必要だと思う。

Date: Mar 2009 年 3 月 9 日（月）22：11：10 +0100
From: セドリック・ヴィラーニ <Cedric.VILLANI@umpa.ens-lyon.fr>
To: フランシス・フィルベ <filbet@math.univ-lyon1.fr>
Cc: セドリック・ヴィラーニ <Cedric.VILLANI@umpa.ens-lyon.fr>,
    クレマン・ムオ <cmouhot@ceremade.dauphine.fr>

素晴らしい画像だね！　「抽象的に」仕事をしてきた中で、方程式がどのような効果を表しているのか「具体的に」見られるなんて、とても感動的だ……。
セドリック

第 21 章

2009 年 3 月 13 日、プリンストン

　子ども部屋のドアをしっかり閉める。娘が、今日の即興物語のヒーローであったグーフィーの冒険を思い出しながらベッドの中でまだクスクス笑っている。"おやすみ、子どもたち。明日は晴れるそうだよ"〔訳注：フランスのアニメ映画『王と鳥』で父親の鳥が歌う子守歌の一節。プレヴェール＆コスマの作詞作曲コンビによる〕。

　クレールもベッドの中で日本語の復習をしている。明日は夜明けとともに地質学の同輩たちと一緒にフィールドワークに出かけるので、今夜を最後にしばらく復習する時間がとれないからだ。ようやく私が仕事をする時間が来たようだ。紅茶をいれ、メモを並べる。まだ技術的な問題が山積みだが、クレマンと少しずつ切り崩している。

　証明の中で最も大きな部分を占める10節を書いている最中だ。ここには、あの厄介な零モードの制御があるので、苦労をまぬがれないのはわかっている。それなのに、10日後にはその成果を発表しなければならないのだ！　完全に筋が通るようまとめるのに10日しか残されていない。

*

Date: 2009 年 3 月 13 日（金）21：18：58 -0500
From: セドリック・ヴィラーニ <Cedric.VILLANI@umpa.ens-lyon.fr>
To: クレマン・ムオ <cmouhot@ceremade.dauphine.fr>
Subject: 38！

添付ファイル：第 38 版。変更部分：

・2、3 カ所文字の打ち間違いを直しておいた。必要ならば違いがわかるようにと前のも残してある。

・9 節はいくつかの数式を除けばすでに完成したので、あとは気力を奮い立たせて最後まで計算するだけだ！ 解にたどり着くべくすべての要素がぴったりおさまったところを見られるのは、なかなか気持ちがいい。この節の構成は、あとから俯瞰する形で、この論文全体の構想を裏付けるものである（特に、冒頭に特性曲線を持ち出す理由を）。何度か見直せば、この節はうまく整えられるだろう。それが終わったら、いよいよいくつかの定数を選ぶタイミングだ（そうしたら、また計算だ！）。

・古いコメント、特に正則化に関連する箇所はざっくりとカットした。

・だが、それでもまだ空間平均にかかわる二つの穴が残っている！

* 一つめは $< \nabla h^k \circ \Om^n >$ の評価を層化しなければいけない理由に関するものだ（9.4 節）。ファイルでも説明しているように、これはデリケートな問題だ。再帰性を使うわけにも、連続性を使うわけにもいかない。というのも $\Om^n$ がほとんど連続性をもたないからだ。私の考えでは、唯一の解決策は特性曲線に関するソボレフの意味での滑らかさを利用することだ。このソボレフの意味での滑らかさは、すべての n で一様に伝搬する。ただ、気をつけなければならないのは、必要なのは速度における連続性だということ。でも普通は問題ないはずだ。力に関するソボレフの意味での滑らかさによって、すべての変数が連続性をもつからだ。ここでどうしてもある導関数を正確に求めなければならない。つまりクーロン力がここで鍵になりそうだということだ……。

* 二つめは 6 節の評価で零モードをどのように扱うかということ。

現時点でこれはうまくいっていない（定数が大きすぎて、これ以上安定性の基準を確かめるのは無理だ）。ただ、これについては楽観的に考えている。散乱の変数の変化と、特性曲線の直接の評価値を用いるという私の昔のアイディアをもう一度使うつ も りだ。以前試したときは、適切な大きさがわからなかったし、階層化もしていなかった。つまり今と比べると理論武装できてなかったからね。

そこで次のように分担するのはどうだろう：君はまずは上記の二つの穴を気にしないで 9 節を収束させることに集中する。それから 1 番目の穴にけりをつけることに専念してほしい。その間、私は、せっせと 2 番目の穴を埋めるようにする。とりあえず向こう何日かは tex ファイルをそのままにしておくよ。

クーロン力の件については、その後で考えよう。まずは穴を埋めることが先決だと思うので……。

今週こちらは、独りで子どもたちの面倒をみることになっているし、おまけにラボに来客の予定があるから少しきつくなると思う。でも、もうラストスパートのようなものだからね。

セドリック拝

第 22 章

2009 年 3 月 15 日から 16 日にかけての深夜、プリンストン

　カーペットの上に直に座り、殴り書きのメモに囲まれながら、私は熱に浮かされたように書き、キーボードを叩いている。

　きょうは日曜日だったので、せめて日中は数学をやるまいと気を遣った。まずは、数学界の大物たちのたまり場になっているアリス・チャンの家でのブランチに、子どもたちを連れて行った。プリンストン大学教授で、数年前には国際数学者会議総会で講義を行ったアリスは、解析幾何学の専門家として知られている。

Alice Chang

アリス・チャン

　彼女が、今年、自身が主催するプログラムに参加させようと私をIASに招聘してくれたのだ。

　ブランチの間、いろいろなことが話題にのぼった。たとえば、「上

海ランキング」。フランスの政治家やマスコミが大好きな、世界じゅうの大学を対象としたランキングである。世界最高峰の一つとして数えられる大学の数学科教授であるのと同時に中国系であるアリスにこの話題を振ったら、どのような反応をするのだろう？　この中国のランキングが重要と見なされていることに、誇らしげな態度を取るのだろうか？　だが、彼女の答えを聞いて私は拍子抜けしてしまった。

「セドリック、上海ランキングってなあに？」

そこで説明したところ、アリスはきょとんとした顔をして私を見た。「理解できないわ。中国人が決めたランキングに載ることがフランス人にとってありがたいわけ??（役割が逆だと思わない？）」やれやれ、政治に関わっているフランス人の同胞にアリスを紹介したいものだ。

やっと仕事に取りかかったのは、夜遅く、子どもたちが眠りについてからだった。すると奇跡が起こった。魔法のようにすべてがつながったように思えたのだ！　私は体をふるわせ、最後の部分の6、7ページを書き上げた。この部分が証明の完成への扉になると確信していた。少なくとも相互作用に関しては、クーロン力の相互作用だというよりもまともだろう。まだ落とし穴はたくさんあるだろうが、這い上がれないものは何もないように思えた。

午前2時30分、就寝する。だが頭の中があまりにざわついて、長い間、それはもう長い間、目を大きく見開いたまま横になっていた。

午前3時30分、眠りに落ちる。

午前4時、息子が起こしにくる。ベッドを濡らしてしまったという。何年もそんなことはなかったのに、今夜に限って……それが……。

仕方ない。起きるとするか。シーツやもろもろを全部取り替えてやらないと。

何がなんでも自分を眠らせまいとありとあらゆることが仕組まれているような気がする夜もあるものだ。気にしないことにしよう!!

*

　数学者たるもの、まれにであれ、考えが奇跡のように次々と浮かぶという、紛れもない興奮状態を経験するものだ。(略) 性的快楽とは対照的に、この感覚は何時間も、ときには何日間も続くことがある。

アンドレ・ヴェイユ

第 23 章

2009 年 3 月 22 日、プリンストン

　結局、私の解はまたもや間違っていた。そのことを納得するのに 1 週間近くかかった。証明の大部分はまだ成り立っていたが、あの忌々しい零モードが相変わらず立ちはだかり、びくともしない……それでもゴールに近づいてはいるのだ！

　クレマンは、台湾で私たちの研究を初めて公表して以来、私のアイディアを消化し、彼のアイディアに取り込み、自分のソースで味付けして料理していった。それからまた、私が全部自己流に引き継いだ。

　私の書いた初稿よりも今回のほうが随分シンプルになり、しかもつじつまが合っている！　私たちが証明しようと試みてからちょうど 1 年。今、初めて本当に筋が通ったように見える！

　ついにそのときが来た。2 日後にこの成果をプリンストンで発表するぞ……。

*

Date: 2009 年 3 月 22 日（日）12：04：36 +0800
Subject: Re:　仕上げ
From: クレマン・ムオ <clement.mouhot@ceremade.dauphine.fr>
To: セドリック・ヴィラーニ <Cedric.VILLANI@umpa.ens-lyon.fr>

やっと、わかりました。あなたが空間平均値について考えていたことがわかったように思います!!　それなら電話で僕が話したアイディアと結合させる必要がありますね（実際この二つのアイディアは補完し合うものです）。そこでこういうプランを考えました：

（1）最適で、階層化されたバックグラウンドの連続性を使うためにあなたがやろうとしている計算は、6節の冒頭、65-66ページにある計算だと思います：この場合（散乱の場合ではありません）、実際に、（力の場の連続性のレベルによらず）増加を生じさせるためにバックグラウンドの連続性の許容範囲を「自由に」利用できます。

（2）したがって僕が電話で話したアイディアを使えば、結局このケースに帰着するということです（お話しした「残り」もゼロではありません。(1) を使って進めるべきです）:

a. $F[h^{n+1}] \circ \Omega^n_{t,\tau}\circ S^0_{\tau,t}$ を $F[h^{n+1}] \circ S^0_{\tau,t}$ に置き換えます。残りは、$\Omega^n - Id$ における評価のおかげで、時間に関して十分な速さで減衰することがわかります。

》したがって残るは

\int_0 ^t \int_v F[h^{n+1}] \cdot <((\nabla_v f^n) \circ \Omega^n) >(x-v(t-\tau),v) \, d\tau \, dv

となります。

b. ここで、\nabla_v f^n に関して\Omega^n を \Omega^k に置き換えるため、変数を変えるアイディアを使います（k は 1 と n の間であれば何でもかまいません）：さらに写像 \Lambda に関する問題があります。というのも、もう\Omega^n X を (\Omega^n)^{-1}\Omega^k と合成していませんが、すでに評価が得られているのは (\Omega^n)^{-1}\Omega^k だけだからです。

c. ここでもまた a. でF[h^{n+1}] に使ったのと同じ方法で、写像 \Omega^n)^{-1}\Omega^k を取り除きます。これによって新

しい項がでてきますが、時間に関して速く減衰します。

》したがって残るは

$$\sum_{k=1}^n \int_0^t \int_v F[h^{n+1}] \cdot < ((\nabla_v h^k) \circ \Omega^k) (x-v(t-\tau),v) > \, d\tau \, dv$$

となります。

d．まず、v に関する勾配と散乱による合成を入れ替えます：

$$< (\nabla_v f^n) \circ \Omega^k > = \nabla_v (<f^n \circ \Omega^k >)$$

+ これも τ に関して十分な速さで減衰します。

》残るのは、λ_k, μ_k における関数 $U_k(v)$ の連続性のもとでの

$$\sum_{k=1}^n \int_0^t \int_v F[h^{n+1}] (x-v(t-\tau),v) \, \nabla_v U_k(v) \, d\tau \, dv$$

となります。

e．この段階でやっと、それぞれの k に対して65-66ページの計算(1)を適用し、その結果、階層化された評価を一様に得られるに違いありません。

以上について意見をお聞かせください。あなたのほうでも同じ計算になるかどうかもお知らせください……。

クレマン拝

第 24 章

2009 年 3 月 24 日、プリンストン

　プリンストンでのセミナー第 1 回。優秀で几帳面な同僚たち、なかでも、温かい人柄ながら情け容赦ない面もあるエリオット・リーブの前で発表を行った。

　同じ頃、クレマンは台北にいて、彼もまた私たちの成果を発表していた。12 時間の時差という二人の位置関係は、効率的に仕事をするのに最適である！

　私たちは世界を二分し、クレマンはアジアで、私は米国で「布教」していた。

　今回はうまくいくだろう。ラトガースで私がやった危なっかしいセミナーとはまったく違い、少なくとも証明の 9 割は間違いない。重要な構成要素もすべて特定されている。この発表には自信があった。質問を受けても持ちこたえ、証明を説明する用意ができていた。

　発表に多少の反響があったというのに、エリオットは周期的境界条件の仮定に納得してくれなかった。馬鹿げていると思ったのだ。
「空間全体において真でなければ、意味がないだろう！」
「エリオットさん、空間全体では反例が存在するのですから、条件をつけないわけにはいかないのですよ！」
「それはそうだが、結果は条件とは独立でなければならないだろう？　それでなければ物理とは言えない！」
「エリオットさん、ランダウ自身、境界条件を設けて証明をしていました。その結果は条件によって非常に大きく左右されるものだと証明したのです。まさかランダウは物理学者とは言えないとおっしゃりたいわけではないですよね？」
「でも、これではまったく筋が通らない！」
　その日、エリオットはひどく気が立っていた。それからプリンス

トン・プラズマ物理学研究所（PPPL）のグレッグ・ハメットも同席していたが、彼もまた、プラズマの場合における安定性という私が立てた仮定に納得しなかった。現実的というにはあまりにも強すぎると言うのだ。

拍手をもって受け入れられるだろうと思っていた私の発表は、どちらかといえば失敗だった。

*

エリオット・リーブは、最も有名で、恐れられている数理物理学の専門家の一人である。プリンストン大学の数学、物理学双方の研究所員として、彼は人生の一部を、物質の安定性を追究することに捧げた。それぞれの原子は大人しく互いに別々に存在するのではなく集団として存在するが、それにはどのような力が働いているのだろうか？ なぜ私たちは、宇宙の中にばらばらにならずにまとまりとして存在していられるのだろうか？ これを数学的問題として提起し、その開拓者となったのは、20世紀を象徴する物理学者で、現在 *IAS* の名誉教授であるフリーマン・ダイソンだ。そしてこの問題にエリオットのような若者たちも夢中になったのである。

この問題の探求ですっかり道に迷ったエリオットは、物理学に、解析学に、エネルギー計算の中に解を見出そうとした。彼は多くの研究者を率い、いくつかの学派を創り出した。そしてその過程で、解析学の見た目を変えてしまうようないくつもの証拠の原石を手に入れていった。

問題を理解するには、適切な不等式に勝るものはない、とエリオットは考えている。不等式は、方程式において、ある項の他の項に対する優越性や、ある力の他の力に対する優越性、ある量の他の量に対する優越性を表している。エリオットはハーディ―リトルウッド―ソボレフの不等式、ヤングの不等式、ハウスドルフ―ヤングの不等式などいくつかの有名な不等式を根底から改良した。そして基本的な不等式には自らの名前を残している。たとえばリーブ―

ティーリングの不等式、あるいはブラスキャンプ−リーブの不等式などは、今や世界中の数多くの研究者たちが使っている。

　*80*歳近いエリオットは今も変わらず活動的だ。文句のつけようがない体型は、完璧に節制した生活のたまものであり、その鋭い発言を恐れない者はいない。その表情は、日本について、不等式について、そして洗練された料理について語るときにぱっと明るくなる（ちなみに洗練された料理である「懐石」は日本語で、数学の「解析」と同じ発音をする）。

Elliott Lieb

エリオット・リーブ

第 25 章

2009 年 4 月 1 日、プリンストン

4月1日、エイプリル・フール！

今日は家族全員でアニメ『ベルサイユのばら』を観た。フランス革命前夜、マリー・アントワネット、アクセル・フォン・フェルゼン、オスカル・ド・ジャルジェの感情が激しく揺れ動くエピソードである。

夜、寝る前には、YouTube でグリブイユ〔訳注：1960 年代に活躍し、早世したフランスのシンガーソングライター〕の *Le Marin et la Rose*《船乗りとバラ》を聴いた。なんて素晴らしいのだろう！　インターネットはいい。

先週の連続セミナーを通して、私はランダウ減衰に関する発表をしながら、それはもう多くのことを理解した。

第 1 回目の発表が終わった後、エリオットはそれまで感じていたいらだたしさから落ち着きを取り戻したのか、クーロン力の周期的モデルには概念として困難な点があると有益なアドバイスをくれた。

2 回目の発表で私は、この証明の物理学的な側面における主な考え方について話した。エリオットは数学と物理学を融合させたことをとても評価してくれ、好意的で興味深そうな様子だった。

3 回目の発表では、ハメットの批判に対する解決策を見つけ、安定条件と摂動の長さに関するほぼ最適な仮定を発表することができた。

出来たばかりで、まだ生焼けの状態の結果を発表したが、この戦略は報われた。批判を受けたおかげで、そのあとかなり速いペースで研究を進められたのだ！　ここでもう一度、さらに強くなるために、批判にさらされる場に身を置くことが必要だった。

そして……ついに、私は理解したのだ。KAM 理論との関係を！

そもそも、私が研究者として評判を得るようになったのは、数学でも違う分野の間に潜んでいるさまざまな関係を見出したからだ。こうした関係性はとても貴重だ！　それによって、それぞれの分野の問題が解明され、まるで卓球の試合のように、一つの発見が相手のコートに渡ると新たな発見を呼び、それが連なっていく。

そのような形で私は23歳のとき、イタリア人の共同研究者ジュゼッペ・トスカーニとともに、初めて重要な結果を導いた。ボルツマンエントロピーの発生、フォッカー－プランク方程式、そしてプラズマにおけるエントロピーの発生の間の関係を明らかにしたのだ。

その2年後、今度はドイツ人の共同研究者フェリックス・オットーとともに対数ソボレフ不等式と測度の集中に関するタラグランの不等式との間に隠された関係を示した。その後、他にも二つ証明を発表することになる……。この研究は、いわば最適輸送の分野へ私が乗り出すキックオフとなった。そのおかげで、私はその後、アトランタで専門家向けの講義の依頼を受け、初めて本を出版することになった。

学位論文の口頭試問を受けたとき、イヴ・メイエにこう言われた。「あなたは論文の中でいくつかの関連性を示している。なんという奇跡的な一致だろう！　この研究は20年前ならば相手にされなかったでしょう！　奇跡なんて信じない時代でしたからね！」だが、私は信じている。そしてこれからも、さらに別の奇跡を掘り起こすだろう。

博士論文の執筆過程で、私は心の父と仰ぐ四人の人物に出会った。まず、指導教授のピエール＝ルイ・リオン、ティーチング・アシスタントだったヤン・ブルニエ、それからエリック・カーレンとミシェル・ルドゥー。彼らの論文をむさぼるように読んだ私の目の前に、不等式の世界への扉が大きく開かれたのだ。私はこの四人から受けた影響をまとめ、他の要素も加えて私独自の数学のスタイルを作りあげた。そして、人々との出会いに導かれるままに進化していった。

口頭試問から3年後、誠実なロラン・デヴィエットとの共同研究

で、私は弾性理論におけるコルンの不等式とボルツマンエントロピーの生成の間のありそうもなかった関係性を発見した。

そのまま勢いに乗った私は、準統御性の理論を発展させた。これは、縮退した散逸型偏微分方程式における正則化の問題と平衡状態へ向かう収束性に関する問題との間に新たに見つけた類似性に基づいている。

そして、ダリオ・コルデロ＝エラウスキンとブルーノ・ナザレとともに私が明らかにしたのは最適輸送とソボレフ不等式の間に隠された関係性である。それは、この不等式を熟知しているつもりでいた数多くの解析学者たちを啞然とさせた。

2004年、カリフォルニア大学バークレー校ミラー研究所の客員教授となった私は、当時、数理科学研究所の客員教授だったアメリカ人ジョン・ロットと出会い、共同研究を行った。私たちは共に、非ユークリッド的で滑らかでない幾何の問題であるいわゆる構成的リッチ曲率の問題に取り組むため、経済性の観点に基づく最適輸送の考え方をどう利用するかを示した。この研究から誕生し、ロット－シュトゥルム－ヴィラーニ理論とも呼ばれている理論は、解析学と幾何学の間にあったいくつかの壁を壊したのである。

2007年、接最小跡の幾何と、最適輸送の正則性に必要な曲率条件の間に何か調和的なつながりが潜んでいると私はにらみ、両者の間に強い関係性があると推測した。ふってわいてきたかのような関係性に見えるかもしれないが、これを私はグレゴワール・ルペールと一緒に証明した。

毎回、出会いこそがすべてのきっかけとなる。まるで私がその触媒となっているかのようだ！　あらかじめ調和的なつながりが存在していると信じて研究すること——いずれにしてもニュートン、ケプラー、その他多くの科学者は、身をもってそれを示してきた。この世界は本当に思いもよらないつながりであふれているのだから。

"いったい誰にわかるんだい？
フォルモサの船乗りと
ダブリンのバラ
二つがつながっていたなんて

……「しーっ」と唇に指を当てた
とさ……"

　ランダウ減衰とコルモゴロフの定理の間に関係があるなんて誰も想像しなかった。
　いや、想像はしていた。エティエンヌ・ジスは思いついていたのに、どんな運命のいたずらかはわからないが、惑わされ、間違えてしまったのだ。彼と話してから1年が経った今、私の手元にはすべての札がそろっている。今ならその関係の正体がわかる！
「うーむ……。共鳴現象により、摂動の意味で正則性が損なわれたとしても、摂動が与えられた系の完全可積分性を利用したニュートン法によって取り戻される……」
　まったく、もっと早く見つけられたはずなのに！　誰がこんなひねくれたやり方を想像できただろう？　そもそもランダウ減衰にしても、結局は正則性の問題だなどと、誰が思いつけただろう!?

　　　　船乗りとバラ（詞：ジャン＝マリー・ユアール）

むかしバラがあったとさ
一輪のばらと一人の船乗り
船乗りはフォルモサにいて
バラはダブリンにあった

船乗りとバラは一度も会わずじまい
あまりにも離れすぎてたからな
船乗りは陸に降りないし
バラも庭から出ていかない

ひっそり咲いてたバラの上を
いっつも鳥が飛んでった
それから雲も通りすぎ
お日さまも春も飛んでった

気ままな船乗りの頭の上で
夢たちもまた過ぎてった
春や雲や鳥やお日さまとまったく同じに飛んでった

船乗りは九月に死んじまった
そしてバラも同じ日に
愛なぞ知らない娘の部屋で
しおれて死んじまったんだ

いったい誰にわかるんだい？
フォルモサの船乗りと
ダブリンのバラ
二つがつながってたなんて

お日さまが沈み
花びらが海に落ちるとき
くらくらしそうな美人の天使が現れて
「しーっ」と唇に指を当てたとさ

第 26 章

2009 年 4 月 8 日から 9 日にかけての深夜、プリンストン

55 版。読み直しては細かく手を入れるという、うんざりするようなプロセスの途中で、新たな欠陥が見つかった。

私はかっとなってしまった。まったくなんてこった!
「もううんざりだ! 以前は非線形の箇所がくせ者だったのに、今度はうまくコントロールできているように見えていた線形の箇所がダメじゃないか!」

二人ともすでにいろいろな場所で自分たちの成果を話していた。先週は私がニューヨークで発表し、明日はクレマンがニースで話す予定だ。もはやミスが許される段階じゃない。本当に正確でないとまずいのだ!!

それでも問題があること、そしてこのどうしようもない定理 7.4 を立て直さなければならないことには変わらない……。

家にいるのは眠りについた子どもたちと私だけだ。闇夜をのぞむ大きなガラス窓の前を時間が刻々と通り過ぎていく。ソファーに座ったり寝転んだり、あるいはソファーの前で膝をついたりしながら思いつくあらゆるやり方を試し、ひたすら書き散らす。そして無駄に終わる。

ほぼ絶望的な状態のまま、朝の 4 時半に寝ることにする。

*

```
Date: 2009 年 4 月 6 日 (月) 20：03：45 +0200
Subject: ランダウ 51 版
From: クレマン・ムオ <clement.mouhot@ceremade.dauphine.fr>
To: セドリック・ヴィラーニ <Cedric.VILLANI@umpa.ens-lyon.fr>
```

できたところまでお送りします。細かく再読していましたが、120ページを過ぎたあたりでもう限界でした。今晩は休みます。あなたが変更した部分とメールで指示を受けたもの（図、コメント、定数の従属性……）は全部、それから、あなたが書き直した10節（送っていただいた中で一番新しい50版からのもの）と新しい12節を組み込んだ51版（メールで細かく確認した後にやりました）をお送りします。

僕のほうは、挿入した9節まで（つまり118ページまで）再度読み通しました。NdCMコメントがかなりありますので、きちんと見てください。今回山ほど細かい訂正をしましたが、これは異論の余地がないと思っています。証明に関するコメントは二つだけです（とはいえ、どちらも結果には影響しません）。7節の100ページと9節の116ページに相当します。

さて、続きはこのように作業しませんか？　あなたはこの51版からとりかかってください。1節から9節にある僕のNdCMコメントをもう一度チェックして、一つ解決したらそのつど削除し、51-cv版という別の版にしてください。僕のほうは10-11-12-13-14節を丁寧に読み直すということでいいですね？（送るのは明日の夜まででしたっけ？　水曜日の朝でもいいですか？）

クレマン拝

第27章

2009年4月9日朝、プリンストン

ううううう……まぶたが重すぎる。なんとか起き上がって、ベッドに腰掛ける。

あれ？

頭の中で声がする。

——2番目の項を反対側に移し、フーリエ変換し、L^2空間で逆変換しなければならない。

まさか！

私は紙切れに乱暴に一文を書きつけると、子どもたちに早く支度をするように説教し、朝食を作ってやり、スクールバスの停留所まで湿った芝生の上を小走りで送り届ける。ハリウッド映画に出てくるような黄色と黒色の派手なバスがやって来た！

子どもたちは皆、リトルブルック小学校へ連れていってくれるバスにお行儀よく乗り込んでいく。指折りの科学者たちの息子や娘たちがあのバスの中にぎゅうぎゅうに詰め込まれて座っていると考えるだけで、吹き出しそうになる。おや、同郷のゴ・バオ・チャウの子どもたちが来たぞ。パリを去ってプリンストンに移住したゴは、基本補題と呼ばれる昔からの問題を鮮やかに解いてみせて評判になった。あの分野は非常に難しいことで知られているが、私はまったくの専門外だ。ともかく、誰もが次のフィールズ賞に一番近い人物はゴだと思っている！

さあ、子どもたちも出かけていった。リトルブルック小学校で彼らは大事に扱われ、終日自分のレベルに合った英語の授業を受けさせてもらう。子どもたちに自信をつけさせることに気が配られており……だからこそ、アメリカ人の先生に信頼を寄せることができるのだ。午後になると、子どもたちはその日一日に満足して帰宅し、

さらにうれしそうに宿題もやることだろう……本当に恵まれていると思うのは、ここ米国、少なくともプリンストンでは、まだ家での宿題が目の敵(かたき)にされていないことだ〔訳注：フランスでは、家での宿題を前提とした公教育は社会格差を助長するという考えが根強く、1956年以降、公立小学校で宿題を出すことは法律で禁止されている〕。

　さあ、急げ。私は帰宅するとソファーに腰を落ち着け、今朝、魔法のように頭に浮かんだアイディアが、あの忌々しい欠陥を埋めることができるかどうかを試してみた。
「マイケル・サイガルが提案してくれたようにフーリエ変換に留まり、一切ラプラス変換ではやらないことにする。けれども逆変換の前に、こうやって分離して、それから二つの時間で……」
　ぐちゃぐちゃと書いたメモを眺める。今はじっと考えるときだ。
　うまくいくぞ！　たぶん……。
　うまくいくぞ!!!　間違いない！
　そうだ、このようにやるべきだったんだ。ここを出発点にすれば、発展させ、さらに要素を追加することができる。その筋立てはすでに頭に浮かんでいる。
　したがって、あとはどこまで自分が辛抱できるかだ。このアイディアを発展させたら、知っているスキームにたどり着くことはわかっている。時間をかけて詳細を書いていく。18年間実践してきた数学を自由に操る瞬間だ！
「うーむ。今度はヤングの不等式に似ているぞ……それから、これはミンコフスキーの不等式の証明みたいだ……変数を変えて、積分を分ける……」
　私はセミオートマチックモードに切り替わっていた。やっと、これまでの経験すべてを活用することができる……けれども、その状態にもっていくには、ちょっとした「直通電話」が必要になるだろう。数学の神様から電話がかかってきて、声が頭の中で響き渡るといわれるあの噂の直通電話——だが、正直言ってそんなことはめったにないのだが！
　私は、以前その「直通電話」を受けたときのことを思い出してい

た。2001年の冬、リヨンで教授をしていた私は、一時期、毎週水曜日にポアンカレ研究所で講義をしていた。ある水曜日に、チェルチニャーニの予想に対する私の準解を発表していたところ、ティエリ・ボディノーが手を挙げ、私の発表のある部分を改良できないかと尋ねた。帰りのTGV（高速鉄道）の中でじっと考えていた私は、まるで啓示を受けたかのように強力な証明法のきっかけをつかみ、その予想の証明にけりをつけることができたのだ。それから数日で、私は、ある意味では予想の延長線上にあると言える一般的なケースに当たる主張を証明した。そして次の週の水曜日に、意気揚々とこの二つの新しい結果を発表しようと準備を整えていた。

ところが火曜日、あろうことか2番目の定理の証明の中に致命的な誤りを見つけてしまったのだ。私は一晩かけてそれを修復しようとしたが、うまくいかないまま朝の3時か4時に寝てしまった。

翌日、私はまだ寝ぼけ眼のまま、頭の中で再び問題に取り組んでいた。どうしてもあの結果の発表を断念したくなかった。駅に行く途中も、頭の中を完全に占領していたのは、たどり着く先が見えない道筋ばかりだった。だが、TGVに乗った瞬間、啓示を受けた。どのようにあの証明を訂正すればいいか悟ったのだ。

今度は、列車の中での時間をその結果を整えるのに費やし、それはもう誇らしげに発表したわけだが、そのときの私の様子はきっと誰もが想像できるだろう。ほどなくしてこのメイド・イン・TGVの証明は出版されることになり、私の最も良い論文の一つの中に納められた。

そして今、2009年4月9日の朝、新たに小さな啓示が訪れ、私の頭の扉をたたき、すべてを照らしてくれた。この先、この論文を読む人たちがこの幸福感を理解することはおそらくないだろう。残念なことに、啓示の光は数式の中に埋もれてしまうだろうから……。

*

本節の主結果を述べるために用いた記号を説明する．$\mathbb{Z}_*^d =$

$\mathbb{Z}^d \setminus \{0\}$ と書き,関数列 $\Phi(k,t)$ ($k \in \mathbb{Z}_*^d$, $t \in \mathbb{R}$) が与えられているときは,$\|\Phi(t)\|_\lambda = \sum_k e^{2\pi\lambda|k|} |\Phi(k,t)|$ と書く.また,$(K(k,s)\,\Phi(k,t))_{k\in\mathbb{Z}_*^d}$ を短く $K(s)\,\Phi(t)$ と書く,など.

定理 7.7(積分不等式による増加の制御).$f^0 = f^0(v)$ と $W = W(x)$ が 2.2 節の条件 **(L)** を満たすとしよう.そのときの定数は C_0, λ_0, κ とする.条件を具体的に書くならば $|\tilde{f}^0(\eta)| \le C_0\, e^{-2\pi\lambda_0|\eta|}$ である.さらに,以下の関係を仮定する.

$$C_W = \max\left\{\sum_{k\in\mathbb{Z}_*^d} |\widehat{W}(k)|,\ \sup_{k\in\mathbb{Z}_*^d} |k|\,|\widehat{W}(k)|\right\}.$$

次に,$A \ge 0$, $\mu \ge 0$, $\lambda \in (0,\lambda^*]$ と定める.ただし $0 < \lambda^* < \lambda_0$ とする.$(\Phi(k,t))_{k\in\mathbb{Z}_*^d,\ t\ge 0}$ を $t \ge 0$ において $\mathbb{C}^{\mathbb{Z}_*^d}$ に値をとる連続関数で,次の関係を満たすものとする.

$$\forall t \ge 0, \qquad \left\|\Phi(t) - \int_0^t K^0(t-\tau)\,\Phi(\tau)\,d\tau\right\|_{\lambda t+\mu}$$
$$\le A + \int_0^t \left[K_0(t,\tau) + K_1(t,\tau) + \frac{c_0}{(1+\tau)^m}\right] \|\Phi(\tau)\|_{\lambda\tau+\mu}\,d\tau, \tag{7.22}$$

ここでは $c_0 \ge 0$, $m > 1$ であり,$K_0(t,\tau)$, $K_1(t,\tau)$ は非負の核とする.$\varphi(t) = \|\Phi(t)\|_{\lambda t+\mu}$ とすると,以下が成り立つ.

(i) ある $c > 0$, $\alpha \in (0,\overline{\alpha}(\gamma))$ に対して $\gamma > 1$, $K_1 = c\,K^{(\alpha),\gamma}$ と仮定する.ただし,$K^{(\alpha),\gamma}$ は次のように定義されているとする.

$$K^{(\alpha),\gamma}(t,\tau) = (1+\tau)\,d \sup_{k\neq 0,\ \ell\neq 0} \frac{e^{-\alpha|\ell|}\,e^{-\alpha\left(\frac{t-\tau}{t}\right)|k-\ell|}\,e^{-\alpha|k(t-\tau)+\ell\tau|}}{1+|k-\ell|^\gamma},$$

なお,$\overline{\alpha}(\gamma)$ は命題 7.1 で与えられている.このとき,$\gamma, \lambda^*, \lambda_0, \kappa, c_0, C_W, m$ のみによって定まり,$\gamma \to 1$ で一定となる次の正の定数 C と χ が存在する.すなわち,もし

$$\sup_{t\ge 0} \int_0^t K_0(t,\tau)\,d\tau \le \chi \tag{7.23}$$

であり,

$$\sup_{t\geq 0}\left(\int_0^t K_0(t,\tau)^2\,d\tau\right)^{1/2}+\sup_{\tau\geq 0}\int_\tau^\infty K_0(t,\tau)\,dt \leq 1, \quad (7.24)$$

となるならば,どのような $\varepsilon \in (0,\alpha)$ に対しても

$$\forall t \geq 0, \quad \varphi(t) \leq C\,A\,\frac{(1+c_0^2)}{\sqrt{\varepsilon}}\,e^{C\,c_0}\left(1+\frac{c}{\alpha\,\varepsilon}\right)$$
$$\times e^{CT}\,e^{C\,c\,(1+T^2)}\,e^{\varepsilon t}, \quad (7.25)$$

が成り立つ.ただし,以下の関係がある.

$$T = C\,\max\left\{\left(\frac{c^2}{\alpha^5\,\varepsilon^{2+\gamma}}\right)^{\frac{1}{\gamma-1}};\;\left(\frac{c}{\alpha^2\,\varepsilon^{\gamma+\frac{1}{2}}}\right)^{\frac{1}{\gamma-1}};\;\left(\frac{c_0^2}{\varepsilon}\right)^{\frac{1}{2m-1}}\right\}. \quad (7.26)$$

(ii) ある $\alpha_i \in (0,\overline{\alpha}(1))$ に対して $K_1 = \sum_{1\leq i \leq N} c_i\,K^{(\alpha_i),1}$ と仮定する.ただし $\overline{\alpha}(1)$ は命題 7.1 で与えられている.このとき,ある定数 $\Gamma > 0$ が存在し,次式

$$1 \geq \varepsilon \geq \Gamma\,\sum_{i=1}^N \frac{c_i}{\alpha_i^3},$$

を満たすどのような ε に対しても,(i) の場合と同様に以下の関係が成り立つ.

$$\forall t \geq 0, \quad \varphi(t) \leq C\,A\,\frac{(1+c_0^2)\,e^{C\,c_0}}{\sqrt{\varepsilon}}\,e^{CT}\,e^{C\,c\,(1+T^2)}\,e^{\varepsilon t}, \quad (7.27)$$

ここで,以下の定義を用いた.

$$c = \sum_{i=1}^N c_i, \quad T = C\,\max\left\{\frac{1}{\varepsilon^2}\left(\sum_{i=1}^N \frac{c_i}{\alpha_i^3}\right);\;\left(\frac{c_0^2}{\varepsilon}\right)^{\frac{1}{2m-1}}\right\}.$$

<u>定理 7.7 の証明</u>. (i) の場合のみをあつかう,というのも (ii) もほぼ同様となるからだ.また,評価値が「あらかじめ」与えられたも

のとして証明する．厳密な推定値とするために必要な連続性と近似に関する議論は省く．証明は3つの手順から成る．

ステップ1：各点における粗い評価． (7.22) から，次の結果を得る．

$$\varphi(t) = \sum_{k \in \mathbb{Z}_*^d} |\Phi(k,t)| e^{2\pi(\lambda t + \mu)|k|} \tag{7.28}$$

$$\leq A + \sum_k \int_0^t |K^0(k, t-\tau)| e^{2\pi(\lambda t + \mu)|k|} |\Phi(t,\tau)| d\tau$$

$$+ \int_0^t \left[K_0(t,\tau) + K_1(t,\tau) + \frac{c_0}{(1+\tau)^m} \right] \varphi(\tau) d\tau$$

$$\leq A + \int_0^t \left[\left(\sup_k |K^0(k, t-\tau)| e^{2\pi\lambda(t-\tau)|k|} \right) \right.$$

$$\left. + K_1(t,\tau) + K_0(t,\tau) + \frac{c_0}{(1+\tau)^m} \right] \varphi(\tau) d\tau.$$

すべての $k \in \mathbb{Z}_*^d$ と $t \geq 0$ に対して次の関係に注意する．

$$|K^0(k, t-\tau)| e^{2\pi\lambda|k|(t-\tau)} \leq 4\pi^2 |\widehat{W}(k)| C_0 e^{-2\pi(\lambda_0 - \lambda)|k|t} |k|^2 t$$

$$\leq \frac{C C_0}{\lambda_0 - \lambda} \left(\sup_{k \neq 0} |k| |\widehat{W}(k)| \right) \leq \frac{C C_0 C_W}{\lambda_0 - \lambda},$$

ただし (以下では) C は定数ではあるが，各行で異なる値をとることもあるとする．$\int K_0(t,\tau) d\tau \leq 1/2$ であると仮定すると，(7.28) より

$$\varphi(t) \leq A + \frac{1}{2} \left(\sup_{0 \leq \tau \leq t} \varphi(\tau) \right)$$

$$+ C \int_0^t \left(\frac{C_0 C_W}{\lambda_0 - \lambda} + c(1+t) + \frac{c_0}{(1+\tau)^m} \right) \varphi(\tau) d\tau,$$

また，グロンウォールの補題より

$$\varphi(t) \leq 2A e^{C \left(\frac{C_0 C_W}{\lambda_0 - \lambda} t + c(t + t^2) + c_0 C_m \right)}, \tag{7.29}$$

ただし $C_m = \int_0^\infty (1+\tau)^{-m}\,d\tau$ である.

ステップ 2： $\underline{L^2\text{ での評価}}$. このステップでは，(7.23) の値が小さいという仮定が最も重要となる．すべての $k \in \mathbb{Z}_*^d, t \geq 0$ に対して以下の定義を用いる．

$$\Psi_k(t) = e^{-\varepsilon t}\,\Phi(k,t)\,e^{2\pi(\lambda t+\mu)|k|}, \tag{7.30}$$

$$\mathcal{K}_k^0(t) = e^{-\varepsilon t}\,K^0(k,t)\,e^{2\pi(\lambda t+\mu)|k|}, \tag{7.31}$$

$$\begin{aligned}R_k(t) &= e^{-\varepsilon t}\left(\Phi(k,t) - \int_0^t K^0(k,t-\tau)\,\Phi(k,\tau)\,d\tau\right)\\ &\quad\times e^{2\pi(\lambda t+\mu)|k|}\\ &= \bigl(\Psi_k - \Psi_k * \mathcal{K}_k^0\bigr)(t),\end{aligned} \tag{7.32}$$

さらに，これらの関数を t に関して 0 から負の値まで拡張する．時間に関してフーリエ変換を行うと，$\widehat{R}_k = (1 - \widehat{\mathcal{K}}_k^0)\,\widehat{\Psi}_k$ となる．ここで，条件 **(L)** から $|1 - \widehat{\mathcal{K}}_k^0| \geq \kappa$ であることが示されるため，$\|\widehat{\Psi}_k\|_{L^2} \leq \kappa^{-1}\|\widehat{R}_k\|_{L^2}$, であるとわかる．すなわち，

$$\|\Psi_k\|_{L^2(dt)} \leq \frac{\|R_k\|_{L^2(dt)}}{\kappa}. \tag{7.33}$$

(7.33) を (7.32) へ用いると，次の結論を得る．

$$\forall k \in \mathbb{Z}_*^d, \qquad \bigl\|\Psi_k - R_k\bigr\|_{L^2(dt)} \leq \frac{\|\mathcal{K}_k^0\|_{L^1(dt)}}{\kappa}\,\|R_k\|_{L^2(dt)}. \tag{7.34}$$

すると

$$\begin{aligned}\bigl\|\varphi(t)\,e^{-\varepsilon t}\bigr\|_{L^2(dt)} &= \left\|\sum_k |\Psi_k|\right\|_{L^2(dt)}\\ &\leq \left\|\sum_k |R_k|\right\|_{L^2(dt)} + \sum_k \|R_k - \Psi_k\|_{L^2(dt)}\\ &\leq \left\|\sum_k |R_k|\right\|_{L^2(dt)}\left(1 + \frac{1}{\kappa}\sum_{\ell \in \mathbb{Z}_*^d}\|\mathcal{K}_\ell^0\|_{L^1(dt)}\right).\end{aligned} \tag{7.35}$$

(注:ここで,$\|R_\ell\|$ を $\|\sum_k |R_k|\|$ で抑え込んでいる.これは粗いように見えるが,k の関数としてみると $\mathcal{K}_k^0$ が減少するため,問題は生じない.)次に,以下の式に注意する.

$$\|\mathcal{K}_k^0\|_{L^1(dt)} \leq 4\pi^2 |\widehat{W}(k)| \int_0^\infty C_0\, e^{-2\pi(\lambda_0-\lambda)|k|t} |k|^2\, t\, dt$$
$$\leq 4\pi^2 |\widehat{W}(k)| \frac{C_0}{(\lambda_0-\lambda)^2},$$

したがって

$$\sum_k \|\mathcal{K}_k^0\|_{L^1(dt)} \leq 4\pi^2 \left(\sum_k |\widehat{W}(k)|\right) \frac{C_0}{(\lambda_0-\lambda)^2}.$$

これを (7.35) に用い (7.22) をもう一度用いると次の結果を得る.

$$\|\varphi(t)\, e^{-\varepsilon t}\|_{L^2(dt)} \leq \left(1 + \frac{C\, C_0\, C_W}{\kappa\,(\lambda_0-\lambda)^2}\right) \left\|\sum_k |R_k|\right\|_{L^2(dt)}$$
$$\leq \left(1 + \frac{C\, C_0\, C_W}{\kappa\,(\lambda_0-\lambda)^2}\right) \left\{\int_0^\infty e^{-2\varepsilon t}\left(A + \int_0^t \left[K_1 + K_0 + \frac{c_0}{(1+\tau)^m}\right] \varphi(\tau)\, d\tau\right)^2 dt\right\}^{\frac{1}{2}}. \qquad (7.36)$$

この結果を(ミンコフスキーの不等式を用いて)複数の部分に分け,別々に評価する.最初はもちろん以下である.

$$\left(\int_0^\infty e^{-2\varepsilon t} A^2\, dt\right)^{\frac{1}{2}} = \frac{A}{\sqrt{2\varepsilon}}. \qquad (7.37)$$

次に,ステップ 1 と $\int_0^t K_1(t,\tau)\, d\tau \leq Cc(1+t)/\alpha$ から,すべての $T \geq 1$ に対して次式が得られる.

$$\left\{\int_0^T e^{-2\varepsilon t}\left(\int_0^t K_1(t,\tau)\, \varphi(\tau)\, d\tau\right)^2 dt\right\}^{\frac{1}{2}} \qquad (7.38)$$

$$\leq \left[\sup_{0 \leq t \leq T} \varphi(t)\right] \left(\int_0^T e^{-2\varepsilon t} \left(\int_0^t K_1(t,\tau)\,d\tau\right)^2 dt\right)^{\frac{1}{2}}$$

$$\leq C\,A\,e^{C\left[\frac{C_0\,C_W}{\lambda_0-\lambda}T+c\,(T+T^2)\right]}\frac{c}{\alpha}\left(\int_0^\infty e^{-2\varepsilon t}(1+t)^2\,dt\right)^{\frac{1}{2}}$$

$$\leq C\,A\,\frac{c}{\alpha\,\varepsilon^{3/2}}\,e^{C\left[\frac{C_0\,C_W}{\lambda_0-\lambda}T+c\,(T+T^2)\right]}.$$

イェンセンの不等式とフビニの定理から次の結果を得る.

$$\left\{\int_T^\infty e^{-2\varepsilon t}\left(\int_0^t K_1(t,\tau)\,\varphi(\tau)\,d\tau\right)^2 dt\right\}^{\frac{1}{2}} \tag{7.39}$$

$$= \left\{\int_T^\infty \left(\int_0^t K_1(t,\tau)\,e^{-\varepsilon(t-\tau)}\,e^{-\varepsilon\tau}\,\varphi(\tau)\,d\tau\right)^2 dt\right\}^{\frac{1}{2}}$$

$$\leq \left\{\int_T^\infty \left(\int_0^t K_1(t,\tau)\,e^{-\varepsilon(t-\tau)}\,d\tau\right) \right.$$

$$\left. \times \left(\int_0^t K_1(t,\tau)\,e^{-\varepsilon(t-\tau)}\,e^{-2\varepsilon\tau}\varphi(\tau)^2\,d\tau\right)dt\right\}^{\frac{1}{2}}$$

$$\leq \left(\sup_{t \geq T}\int_0^t e^{-\varepsilon t}\,K_1(t,\tau)\,e^{\varepsilon\tau}\,d\tau\right)^{\frac{1}{2}}$$

$$\times \left(\int_T^\infty \int_0^t K_1(t,\tau)\,e^{-\varepsilon(t-\tau)}\,e^{-2\varepsilon\tau}\varphi(\tau)^2\,d\tau\,dt\right)^{\frac{1}{2}}$$

$$= \left(\sup_{t \geq T}\int_0^t e^{-\varepsilon t}\,K_1(t,\tau)\,e^{\varepsilon\tau}\,d\tau\right)^{\frac{1}{2}}$$

167

$$\times \left(\int_0^\infty \int_{\max\{\tau\,;\,T\}}^{+\infty} K_1(t,\tau)\,e^{-\varepsilon(t-\tau)}\,e^{-2\varepsilon\tau}\,\varphi(\tau)^2\,dt\,d\tau \right)^{\frac{1}{2}}$$

$$\leq \left(\sup_{t\geq T} \int_0^t e^{-\varepsilon t}\,K_1(t,\tau)\,e^{\varepsilon\tau}\,d\tau \right)^{\frac{1}{2}}$$

$$\times \left(\sup_{\tau\geq 0} \int_\tau^\infty e^{\varepsilon\tau}\,K_1(t,\tau)\,e^{-\varepsilon t}\,dt \right)^{\frac{1}{2}}$$

$$\times \left(\int_0^\infty e^{-2\varepsilon\tau}\,\varphi(\tau)^2\,d\tau \right)^{\frac{1}{2}}.$$

(基本的にはヤングの不等式の証明のコピーである.) 同様に,

$$\left\{ \int_0^\infty e^{-2\varepsilon t} \left(\int_0^t K_0(t,\tau)\,\varphi(\tau)\,d\tau \right)^2 dt \right\}^{\frac{1}{2}} \tag{7.40}$$

$$\leq \left(\sup_{t\geq 0} \int_0^t e^{-\varepsilon t}\,K_0(t,\tau)\,e^{\varepsilon\tau}\,d\tau \right)^{\frac{1}{2}}$$

$$\times \left(\sup_{\tau\geq 0} \int_\tau^\infty e^{\varepsilon\tau}\,K_0(t,\tau)\,e^{-\varepsilon t}\,dt \right)^{\frac{1}{2}}$$

$$\times \left(\int_0^\infty e^{-2\varepsilon\tau}\,\varphi(\tau)^2\,d\tau \right)^{\frac{1}{2}}$$

$$\leq \left(\sup_{t\geq 0} \int_0^t K_0(t,\tau)\,d\tau \right)^{\frac{1}{2}} \left(\sup_{\tau\geq 0} \int_\tau^\infty K_0(t,\tau)\,dt \right)^{\frac{1}{2}}$$

$$\times \left(\int_0^\infty e^{-2\varepsilon\tau}\,\varphi(\tau)^2\,d\tau \right)^{\frac{1}{2}}.$$

最後の項も同様に分ける. この場合は $\tau \leq T$ と $\tau > T$ に分けて

評価する．

$$\left\{\int_0^\infty e^{-2\varepsilon t}\left(\int_0^T \frac{c_0\,\varphi(\tau)}{(1+\tau)^m}\,d\tau\right)^2 dt\right\}^{\frac{1}{2}} \tag{7.41}$$

$$\leq c_0\left(\sup_{0\leq\tau\leq T}\varphi(\tau)\right)$$

$$\times\left\{\int_0^\infty e^{-2\varepsilon t}\left(\int_0^T \frac{d\tau}{(1+\tau)^m}\right)^2 dt\right\}^{\frac{1}{2}}$$

$$\leq c_0\,\frac{C\,A}{\sqrt{\varepsilon}}\,e^{C\left[\left(\frac{C_0\,C_W}{\lambda_0-\lambda}\right)T+c\,(T+T^2)\right]}C_m,$$

そして

$$\left\{\int_0^\infty e^{-2\varepsilon t}\left(\int_T^t \frac{c_0\,\varphi(\tau)\,d\tau}{(1+\tau)^m}\right)^2 dt\right\}^{\frac{1}{2}} \tag{7.42}$$

$$= c_0\left\{\int_0^\infty \left(\int_T^t e^{-\varepsilon(t-\tau)}\,\frac{e^{-\varepsilon\tau}\,\varphi(\tau)}{(1+\tau)^m}\,d\tau\right)^2 dt\right\}^{\frac{1}{2}}$$

$$\leq c_0\left\{\int_0^\infty \left(\int_T^t \frac{e^{-2\varepsilon(t-\tau)}}{(1+\tau)^{2m}}\,d\tau\right)\left(\int_T^t e^{-2\varepsilon\tau}\,\varphi(\tau)^2\,d\tau\right)dt\right\}^{\frac{1}{2}}$$

$$\leq c_0\left(\int_0^\infty e^{-2\varepsilon t}\varphi(t)^2\,dt\right)^{\frac{1}{2}}\left(\int_0^\infty \int_T^t \frac{e^{-2\varepsilon(t-\tau)}}{(1+\tau)^{2m}}\,d\tau\,dt\right)^{\frac{1}{2}}$$

$$= c_0\left(\int_0^\infty e^{-2\varepsilon t}\varphi(t)^2\,dt\right)^{\frac{1}{2}}$$

$$\times\left(\int_T^\infty \frac{1}{(1+\tau)^{2m}}\left(\int_\tau^\infty e^{-2\varepsilon(t-\tau)}\,dt\right)d\tau\right)^{\frac{1}{2}}$$

$$= c_0\left(\int_0^\infty e^{-2\varepsilon t}\varphi(t)^2\,dt\right)^{\frac{1}{2}}\left(\int_T^\infty \frac{d\tau}{(1+\tau)^{2m}}\right)^{\frac{1}{2}}$$

$$\times\left(\int_0^\infty e^{-2\varepsilon s}\,ds\right)^{\frac{1}{2}}$$

$$= \frac{C_{2m}^{1/2} c_0}{\sqrt{\varepsilon}\, T^{m-1/2}} \left(\int_0^\infty e^{-2\varepsilon t}\, \varphi(t)^2\, dt \right)^{\frac{1}{2}}.$$

(7.37) から (7.42) までの評価をまとめると，(7.36) から以下の結果が得られる．

$$\left\| \varphi(t)\, e^{-\varepsilon t} \right\|_{L^2(dt)} \leq \left(1 + \frac{C\, C_0\, C_W}{\kappa\,(\lambda_0 - \lambda)^2} \right) \frac{C\, A}{\sqrt{\varepsilon}} \left[1 + \left(\frac{c}{\alpha\,\varepsilon} + c_0\, C_m \right) \right]$$
$$\times e^{C\left[\frac{C_0\, C_W}{\lambda_0 - \lambda} T + c\,(T + T^2) \right]} + a\, \left\| \varphi(t)\, e^{-\varepsilon t} \right\|_{L^2(dt)}, \quad (7.43)$$

ただし

$$a = \left(1 + \frac{C\, C_0\, C_W}{\kappa\,(\lambda_0 - \lambda)^2} \right) \left[\left(\sup_{t \geq T} \int_0^t e^{-\varepsilon t}\, K_1(t, \tau)\, e^{\varepsilon \tau}\, d\tau \right)^{\frac{1}{2}} \right.$$
$$\times \left(\sup_{\tau \geq 0} \int_\tau^\infty e^{\varepsilon \tau}\, K_1(t, \tau)\, e^{-\varepsilon t}\, dt \right)^{\frac{1}{2}}$$
$$+ \left(\sup_{t \geq 0} \int_0^t K_0(t, \tau)\, d\tau \right)^{\frac{1}{2}} \left(\sup_{\tau \geq 0} \int_\tau^\infty K_0(t, \tau)\, dt \right)^{\frac{1}{2}} + \left. \frac{C_{2m}^{1/2} c_0}{\sqrt{\varepsilon}\, T^{m-1/2}} \right].$$

命題 7.1 ($\gamma > 1$ の場合) と 7.5 を用い，(7.23) の仮定と (7.24) を用いると，χ が十分小さく T が (7.26) を満たすならば $a \leq 1/2$ となることがわかる．すると，(7.43) から以下の結果が得られる．

$$\left\| \varphi(t)\, e^{-\varepsilon t} \right\|_{L^2(dt)} \leq \left(1 + \frac{C\, C_0\, C_W}{\kappa\,(\lambda_0 - \lambda)^2} \right) \frac{C\, A}{\sqrt{\varepsilon}}$$
$$\times \left[1 + \left(\frac{c}{\alpha\,\varepsilon} + c_0\, C_m \right) \right] e^{C\left[\frac{C_0\, C_W}{\lambda_0 - \lambda} T + c\,(T + T^2) \right]}.$$

ステップ 3：<u>各点における改良された評価</u>．(7.22) を再々度用いる，$t \geq T$ に対しては：

$$e^{-\varepsilon t}\, \varphi(t) \leq A\, e^{-\varepsilon t} \qquad (7.44)$$
$$+ \int_0^t \left(\sup_k\, |K^0(k, t - \tau)|\, e^{2\pi \lambda (t - \tau)|k|} \right) \varphi(\tau)\, e^{-\varepsilon \tau}\, d\tau$$
$$+ \int_0^t \left[K_0(t, \tau) + \frac{c_0}{(1 + \tau)^m} \right] \varphi(\tau)\, e^{-\varepsilon \tau}\, d\tau$$

$$+ \int_0^t \left(e^{-\varepsilon t} \, K_1(t,\tau) \, e^{\varepsilon \tau} \right) \varphi(\tau) \, e^{-\varepsilon \tau} \, d\tau$$

$$\leq A \, e^{-\varepsilon t} + \left[\left(\int_0^t \left(\sup_{k \in \mathbb{Z}_*^d} |K^0(k, t-\tau)| \, e^{2\pi \lambda (t-\tau)|k|} \right)^2 d\tau \right)^{\frac{1}{2}} \right.$$

$$+ \left(\int_0^t K_0(t,\tau)^2 \, d\tau \right)^{\frac{1}{2}} + \left(\int_0^\infty \frac{c_0^2}{(1+\tau)^{2m}} \, d\tau \right)^{\frac{1}{2}}$$

$$\left. + \left(\int_0^t e^{-2\varepsilon t} \, K_1(t,\tau)^2 \, e^{2\varepsilon \tau} \, d\tau \right)^{\frac{1}{2}} \right] \left(\int_0^\infty \varphi(\tau)^2 \, e^{-2\varepsilon \tau} \, d\tau \right)^{\frac{1}{2}}.$$

どの $k \in \mathbb{Z}_*^d$ に対しても次の関係が成り立つことに注意する,

$$\left(|K^0(k,t)| \, e^{2\pi \lambda |k| t} \right)^2 \leq 16 \, \pi^4 \, |\widehat{W}(k)|^2 \, \left| \tilde{f}^0(kt) \right|^2 |k|^4 \, t^2 \, e^{4\pi \lambda |k| t}$$

$$\leq C \, C_0^2 \, |\widehat{W}(k)|^2 \, e^{-4\pi (\lambda_0 - \lambda)|k| t} \, |k|^4 \, t^2$$

$$\leq \frac{C \, C_0^2}{(\lambda_0 - \lambda)^2} \, |\widehat{W}(k)|^2 \, e^{-2\pi (\lambda_0 - \lambda)|k| t} \, |k|^2$$

$$\leq \frac{C \, C_0^2}{(\lambda_0 - \lambda)^2} \, C_W^2 \, e^{-2\pi (\lambda_0 - \lambda)|k| t}$$

$$\leq \frac{C \, C_0^2}{(\lambda_0 - \lambda)^2} \, C_W^2 \, e^{-2\pi (\lambda_0 - \lambda) t};$$

したがって

$$\int_0^t \left(\sup_{k \in \mathbb{Z}_*^d} |K^0(k, t-\tau)| \, e^{2\pi \lambda (t-\tau)|k|} \right)^2 d\tau \leq \frac{C \, C_0^2 \, C_W^2}{(\lambda_0 - \lambda)^3}.$$

以上より, (7.44), 系 7.4, 条件 (7.26) と (7.24), そしてステップ 2 を用いると, 結論が導かれる. □

第 28 章

2009 年 4 月 14 日、プリンストン

　今日、私は正式にアンリ・ポアンカレ研究所のオファーを承諾した。

　私たちの定理もしっかり軌道に乗っている。ここ数日、朝の 4 時まで仕事をすることが 2 度もあった。私のモチベーションはまだ揺らいでいない。

　今夜、この問題にじっくり取り組む用意もできている。第 1 段階は、お湯を沸かすことから始まる。

　ところが、家で紅茶を切らせたことに気がつき、私はパニックを起こしてしまった。カメリア・シネンシス、すなわちお茶の葉のサポートなしでは、これから何時間も続く計算に身を投じることなど、とても考えられない。

　すでに夜は更けている。プリンストンでは、まだ営業している店を見つけようとするだけ無駄だ。気力を振り絞って自転車にまたがると、数学科の談話室にあるティーバッグを拝借しに行くことにした。

　研究所の入り口にたどり着き、暗証番号を入力して中に入り、2 階へと上がっていく。真っ暗な中、ジャン・ブルガンの部屋だけは、ドアの下から光が漏れていた。まったく驚くことではない。ジャンは、権威ある賞の数々を受賞し、ここ数十年で最も有力な解析学者の一人とみなされているにもかかわらず、いまだに若手のホープばりのスケジュールで仕事をし続けているからだ。おまけに彼の場合、定期的に訪れている西海岸の時間に合わせて生活するのを好んでいる。これから彼も夜中まで仕事をするのだろう。

　私は談話室に忍び込むと、アンドレ・ヴェイユ像の責めるような視線を浴びながら、欲しくてたまらなかったティーバッグをこっそ

りつかみ取る。急げ、下に降りるぞ。

だが、戻る途中、トム・スペンサーに出くわしてしまった。統計物理学の偉大な専門家で、研究所で私がとても親しくしている一人だ。私は自分の犯罪を告白せざるを得なかった。

「ああ、紅茶！ それがあればがんがん行けますよね？」

帰宅。貴重なティーバッグを目の前にした今、儀式を始めることができる。

それに、音楽もないと死んでしまう。

今、この瞬間、歌はたくさんある。まずカトリーヌ・リベイロ。リベイロは私のヘビーローテーションだ。ダニエル・メシアを見捨てられた痛ましさというのなら、カトリーヌ・リベイロはパッションフラワー。ママ・ベア・テキエルスキのぴりぴりと切り裂くような素晴らしい声。だがリベイロ、リベイロ、リベイロ。音楽は孤独な研究の時を過ごすのに欠かせない友。

音楽よりも効果的に、人々を忘却の彼方へ連れ出すものはほとんどないだろう。私がフランシス・プーランクの曲を弾くのを祖父が初めて聴いたとき、その顔に浮かんだ衝撃の色は忘れられない。一瞬にして彼は60年前の世界に連れていかれた。つつましいアパルトマンのあまりにも薄い壁からは、踊り場を挟んで向かい側に住んでいた隣人が奏でるあらゆる曲が響いていた。隣人は、プーランクと同じ審美的な美学の流れをくんだクラシック音楽の作曲家だった。

私の場合、グンドゥラ・ヤノヴィッツが歌う『糸を紡ぐグレートヒェン』が聞こえてくるたび、気胸を患い、心肺蘇生治療を受けるためにコシャン病院に入院していた若い頃を思い出す。昼はそこで *Carmen Cru*《カルメン・クリュ》〔訳注：第二次世界大戦後の地方を舞台にした、口うるさい老女が主人公のフランスの漫画《バンド・デシネ》シリーズ。ルロン作〕を読みふけり、夜はインターンたちと音楽について議論し、女友達が貸してくれたアイルランドのくまのぬいぐるみと一緒に眠りについたものだ。

トム・ウェイツが言葉を投げつけるように歌う *Cemetery Polka*『セメタリー・ポルカ』を聴くと、私は2度目の気胸のせいで入院

したリヨンの大病院に送り返される。いかがわしそうな病室で同室だった患者は、看護師たちをよく笑わせていた。

セイウチに変身したジョン・レノン（*I am the Warlus*『アイ・アム・ザ・ウォルラス』）〔訳注：映画『マジカル・ミステリー・ツアー』より〕は、エコール・ポリテクニークの一室に私を連れて行く。18歳だった。グランゼコールの二つの口頭試験の間の待ち時間、未来が美しいクエスチョンマークを描いていたあのとき。

その3年後、何に心を揺さぶられたのだろうか、口下手の後輩女子が高等師範学校の寮の私の小さな部屋のドアをノックしたときには、ちょうど、ブラームスのピアノ協奏曲第1番のドラマチックな出だしが大きく響きわたっていた。

子どもの頃の思い出に浸るのに最適なのは、くらくらするような *Porque Te Vas*『ポルケテバス』。この曲で歌手ジャネットは栄光をつかんだ。それからスティーヴ・ワリングが歌う穏やかな皮肉たっぷりの *Baleine Bleue*《シロナガスクジラ》、あるいはアンリ・タシャンの辛辣な歌 *Grand Mechant Loup*《大きくて凶暴なオオカミ》だ。そうでなければ、どういうわけか母がハミングするほど好きだったベートーベンのヴァイオリン協奏曲のテーマである。

12歳の頃に戻るなら、両親が好きだった曲の数々。ルイ・アラゴンの詩にジャン・フェラが曲をつけた *Les Poetes*《詩人たち》、マキシム・ル・フォレスティエの *Education sentimentale*『感情教育』、レナード・コーエンの「ナンシー」〔訳注：曲名は *Seems So Long Ago, Nancy*《ずいぶん昔のように思える、ナンシー》〕、ボー・ドマージュの「アザラシ」〔訳注：曲名は *La complainte du phoque en Alaska*《アラスカのアザラシの哀歌》〕、レ・ザンファン・テリーブルの「水の底の大時計」〔訳注：曲名は *Hissez!*《引き上げろ！》〕や《白い糸》〔訳注：曲名は *Sur un fil blanc*《白い糸の上》〕、ジャン＝ミッシェル・ジャールの「酸素」〔訳注：原題は *Oxygène*、邦題は『幻想惑星』〕。川に入って水が「ベルトの高さになるまで」進んで行けと命令する「大ばか野郎」が登場するのはグレアム・オーライの歌の中だ〔訳注：*Jusqu'à la ceinture*《ベルトの高さになるまで》というオーライの曲〕。

ティーンエイジャーの頃を思い出すなら、6チャンネルで観た

ビデオクリップやカセットテープにダビングしたさまざまな曲だろう。ラインナップを脈絡なく並べると、たとえば、*Airport*『エアポート』〔訳注：モーターズの歌〕、*Envole-moi*《僕を飛び立たせて》〔訳注：ジャン＝ジャック・ゴールドマンの歌〕、*Tombé du Ciel*《空から落ちて》〔訳注：ジャック・イジュランの歌〕、*Poulailler's Song*『鶏小屋の歌』〔訳注：アラン・スーションの歌〕、*Le Jerk*《ジャーク》〔訳注：ティエリ・アザールの歌〕、*King Kong 5*『キング・コング・ファイブ』〔訳注：マノ・ネグラの歌〕、*Marcia Baila*『マルシア・バイラ』〔訳注：レ・リタ・ミツコの歌〕、*Lœtitia*《レティシア》〔訳注：ジャン＝ジャック・ゴールドマンの歌〕、*Barbara*《バルバラ》〔訳注：ジャック・プレヴェールの詩を歌詞にしてジョゼフ・コスマが作曲〕、*L'Aigle Noir*『黒いワシ』〔訳注：歌手バルバラの歌〕、*L'Oiseau de Nuit*『夜の鳥と一緒に』〔訳注：ミッシェル・ポルナレフの歌〕、*Les Nuits sans soleil*《日のない夜》〔訳注：イヴァノヴの歌〕、*Madame Rêve*《マダム・レーヴ》〔訳注：アラン・バシュングの歌。「夢の奥方」の意〕、*Sweet Dreams*『スイート・ドリームズ』〔訳注：ユーリズミックスの歌〕、*Les Mots Bleus*《青い言葉》〔訳注：クリストフの歌〕、*Sounds of Silence*『サウンド・オブ・サイレンス』、*The Boxer*『ボクサー』〔訳注：2曲ともサイモン＆ガーファンクルの歌〕、*Still Loving You*『スティル・ラヴィング・ユー』〔訳注：スコーピオンズの歌〕、*Étrange Comédie*《奇妙なコメディ》〔訳注：ヴェロニク・サンソンの歌〕、*Sans contrefaçon*『サン・コントルファソン』〔訳注：ミレーヌ・ファルメールの歌。「まがい物でなく」という意味〕、*Maldon'*『マルドン』〔訳注：ズーク・マシーンの歌〕、*Changer la Vie*『人生を変える』〔訳注：同名のフランス社会党の党歌を皮肉にしたジャン＝ジャック・ゴールドマンの *Il Changeait la Vie*《人生を変えていた》より〕、*Bagad de Lann-Bihoué*《バガッド・ド・ランビウエ》〔訳注：ブルターニュ地方の民謡を演奏するフランス海兵隊の楽団をモチーフにしたアラン・スーションの歌〕、*Aux Sombres Héros de l'Amer*《苦い海の暗い英雄へ》〔訳注：ノワール・デジールの歌〕、*La Ligne Holworth*《ホルワース線》〔訳注：グレアム・オーライの歌〕、*Armstrong*《アームストロング》〔訳注：クロード・ヌガロの歌〕、*Mississippi River*『帰れミシシッピ・リバー』〔訳注：ニコラ・ペイラックの歌〕、*Les Lacs Du Connemara*『コネマラの湖』〔訳注：ミッシェル・サルドゥーの歌〕、*Sidi H'Bibi*『シディ・ビビ』〔訳注：マノ・

ネグラの歌〕、Bloody Sunday『ブラディ・サンデー』〔訳注：U2の歌〕、Wind of Change『ウィンド・オブ・チェンジ』〔訳注：スコーピオンズの歌〕、Les Murs de poussière《砂埃の壁》〔訳注：フランシス・カブレルの歌〕、Mon Copain Bismarck『友人ビスマルク』〔訳注：ニノ・フェレールの歌〕、Hexagone《ヘキサゴン》〔訳注：フランス人歌手ルノーの歌〕、Le France《フランス号》〔訳注：ミッシェル・サルドゥーの歌〕、Russians『ラシアンズ』〔訳注：スティングの歌〕、J'ai vu『ジェ・ヴュ』〔訳注：ニアガラの歌〕、Oncle Archibald《アルシバルトおじさん》〔訳注：ジョルジュ・ブラッサンスの歌〕、Sentimental Bourreau《感情的な首切り役人》〔訳注：ボビー・ラポワントの歌〕……。〔訳注：著者によると、この部分は原語の発音が似ているものや意味が似通ったものを連想ゲームのように挙げて展開し、ほぼ一巡して最初に挙げた曲名に戻ったかのような効果を狙っているとのこと〕

　クラシックであれポピュラーであれロックであれ、一度耳にしただけでのめり込んでしまった曲はたくさんある。そういう曲は何度も繰り返し聴くようにしている。ミュージシャンたちに創造性をもたらしたであろう天の恵みにうっとりしながら数百回は聴いた。いわゆるクラシック音楽という新しい世界に私が実際に足を踏み入れるきっかけとなった、ドボルザークの交響曲『新世界』。それに続いて聴くようになったのは、バッハのブランデンブルク協奏曲第5番、ベートーベンの交響曲第7番、ラフマニノフのピアノ協奏曲第3番、マーラーの交響曲第2番、ブラームスの交響曲第4番、プロコフィエフのピアノソナタ第6番、ベルクのピアノソナタ第1番など……。それから、リストのピアノソナタ、リゲティのピアノのための練習曲集、ショスタコーヴィッチのつかみどころのない交響曲第5番、シューベルトのピアノソナタ第14番イ短調D784、ショパンの前奏曲第6番（ぜひ、この曲にぴったりのドラマチックな演奏のものを）、ボエルマンのトッカータ、ブリテンの『戦争レクイエム』、ジョン・アダムズの奇想天外な『中国のニクソン』。ビートルズの A Day in the Life『ア・デイ・イン・ザ・ライフ』、ゾンビーズの Butcher's Tale『ブッチャーズ・テイル』、ザ・ビーチ・ボー

イズの *Here Today*『ヒア・トゥデイ』、ディヴァイン・コメディの *Three Sisters*『スリー・シスターズ』、テット・レッドの *Gino*《ジノ》、アン・シルヴェストルの *Lisa la Goélette*《縦帆のリザ》、ウィリアム・シェラーの *Excalibur*《エクスカリバー》、トマ・フェルゼンの *Monsieur*《ムッシュー》、エティエンヌ・ロダ゠ジル作詞で軽さを装う *Ce n'est rien*『時はすぎゆく』、真面目を装うことを装う *Makhnovchina*《マフノフチナ》〔訳注：元々ウクライナの20世紀初頭のアナーキスト農民運動「マフノ運動」が由来のパルチザン賛歌にロダ゠ジルがフランス語の歌詞をつけたもの〕、そして同じくロダ゠ジルの「7月に北にいるのか南にいるのか」〔訳注：ロダ゠ジル作詞／ジュリアン・クレール作曲の *Patineur*《スケーター》の歌詞からの連想〕「酒粕がついた宮殿の円柱」〔訳注：同じくロダ゠ジル作詞／ジュリアン・クレール作曲の *Le Maître du Palais*《宮殿の主》の歌詞からの連想〕といった曲。フランソワ・アジ゠ラザロの「堤防」や「はしけ」〔訳注：*La Digue*《堤防》、*Le Chaland*《はしけ》というタイトルのアジ゠ラザロの曲より〕、それから「蜂起するパリ」〔訳注：アジ゠ラザロが結成したロックグループ《ピガール》の曲 *Paris 2034, Vingtième Jour d'insurrection*《パリ2034年、蜂起から20日目》からの連想〕。モート・シューマンはブルックリンの海岸〔訳注：*Brooklyn by the sea*《海沿いのブルックリン》〕で盛り上がり、エルベール・パガーニは沈みゆくヴェネチア〔訳注：*Concerto pour Venise*《ヴェネチアのための協奏曲》〕を歌う。オーケストラでアレンジされたレオ・フェレの謎に包まれた *Inconnue de Londres*《ロンドンの見知らぬ人》。ひとりぼっちで暮らしている彼の *Le Chien*《犬》は、「何もなくなってしまう」とひどく苛立つ〔訳注：*Il n'y a plus rien*《もう何もない》より〕。ディランは「見張り塔」〔訳注：*Watchtower*『見張り塔からずっと』〕から *John Brown*『ジョン・ブラウン』の恐ろしい運命について語る。ピンク・フロイドは「昔の青い草」〔訳注：*High Hopes*『ハイ・ホープス』の "The Grass was greener"《「草はもっと青かった」》という歌詞の一節〕を懐かしみ、ピアソラは「ゼロ・アワー」〔訳注：アストル・ピアソラのアルバム『タンゴ・ゼロ・アワー』に夜遅くまでという意味をかけている〕になってもブエノスアイレスで歌う。プロコフィエフの *Romance*『ロマンス』とエンニオ・モリコーネの *Romanzo*『ロマンツォ』。アダモの心打たれる *Manuel*『マヌ

エル』は、まだインターネットで歌詞が調べられなかった時代に、モスクワの宿で一緒になった音楽とフランス語の愛好家に、私が歌詞を書き取ってやった曲だ。ファブリツィオ・デ・アンドレは金のひもで首を吊された *Geordie*《ジョルディ》を悼んで泣き、ジョルジョ・ガーベルは自らを神に見立て〔訳注：彼の曲 *Io Se Fossi Dio*《僕が神だったら》より〕、パオロ・コンテは恋人に「ついて来いよ」〔ドルチェ〕〔訳注：彼の曲 *Via con me*《私と一緒に行こう》より〕と誘う。まだ子どものルネ・シマールは澄んだ声で *Oiseau*《鳥》や、息をのむほど驚くべき *Non, Ne Pleure Pas*『ミドリ色の屋根』〔訳注：フランス語の原題は「泣かないで」の意〕を歌ってケベック人の母親たちや日本人の女の子たちに涙を流させる。レ・フレール・ジャックは彼らの五つの星章をつけた将官をフランシス・ブランシュから買い取り〔訳注：レ・フレール・ジャックの曲 *Général à Vendre*《売りものの将官》は、"*général vendu*"（買収された将官）という表現との言葉遊びで、フランシス・ブランシュが作詞をした〕、ウィーパーズ・サーカスは狐に愛を与え〔訳注：*La Renarde*《雌ギツネ》という曲〕、オリヴィア・ルイスは壊れた心とガラスを直そうとし〔訳注：*Vitrier*《ガラス職人》および *J'traîne des pieds*《私は足を引きずる》に出てくる「私の完全に弱い心をかき切った」という歌詞より〕、私の「先祖たち」は堕落した「ペテン師」と「大麻」を取引する〔訳注：ケベックのバンド Mes Aieux《メゼイユー》の曲 *Ton père est un croche*《あんたの父さんはペテン師だ》を暗示。バンド名は「私の先祖たち」の意〕。ヴィアンがはじけそうなジャヴァのダンスに熱狂すれば〔訳注：ボリス・ヴィアンの曲 *La java des bombes atomiques*『原子爆弾のジャヴァ』からの連想〕、ベコーは悪魔的な競売に夢中になる〔訳注：ジルベール・ベコーの曲 *La vente aux enchères*『せり売り』より〕。ルノーはジェラール・ランベールの叙事詩を歌い〔訳注：歌手ルノーの曲 *Les aventures de Gérard Lambert*《ジェラール・ランベールの冒険》、*Le retour de Gérard Lambert*《ジェラール・ランベールの帰還》を指す〕、フランソワ・コルビエは呪われているかのように象についての歌ばかり歌う〔訳注：*Elephantasme*《ゾウ的幻想》からの連想〕。ユベール＝フェリックス・ティエフェンヌの世界は「麻刈りの娘」〔訳注：*La fille du coupeur de joints*《麻刈りの娘》より〕、「車に乗せられた棺」〔訳注：*Maison Borniol*《葬儀社》より〕、「原発のアリゲーター」〔訳注：*Alligator 427*《アリ

ゲーター 427》より〕、ねっとりした「ディオゲネス」〔訳注：*Diogenes Série 47*《ディオゲネス・シリーズ 47》より〕で押し合いへし合い。私が 20 代の頃のダンスパーティーで男女が踊りまくった曲の数々だ。ドラマチックな震え声で歌うジャック・ブレルは、「大熊座の前で動けなくなって叫ぶ」〔訳注：*Vieillir*《老いる》の歌詞の一部〕。セルジュ・ユジェ＝ロヨはジャック・ドゥブロンカールの放送禁止になった歌 *Mutins de 1917*《1917 年の反乱者たち》をよみがえらせ、ジャン・フェラは立ち上がった子どもに挨拶し、*Maria*《マリア》の不幸を思いながら、死んでしまった子どもたちに涙する〔訳注：歌詞は「マリアの自慢の二人の息子がスペイン内乱で敵味方に別れて二人とも死んだ」という内容〕。アンリ・タシャンは「子どもなんか要らない！」とがなり立てる〔訳注：*Pas d'enfant*《子どもなしで》〕。ケイト・ブッシュと彼女の *Army Dreamer*『アーミー・ドリーマー』では、エルフがあなた方を絶望に突き落とす。フランス・ギャルの「かわいい兵隊」〔訳注：*Mon p'tit soldat*『可愛いい兵隊』〕、ロリーナ・マッケニットの *The Highwayman*《追いはぎ》。トーリ・エイモスは「愉快なおばけ」になることを夢見ているし〔訳注：*Happy Phantom*《ハッピー・ファントム》〕、ジャンヌ・シェラルは *Un Trait: Danger*《ひとつ、危険》と叫ぶ。アメリー・モランは「もう何もうまくいかない」と静かにののしる〔訳注：*Rien ne va plus*『危険な賭け』〕。それから私のお気に入りの女性歌手たち。雌虎のように気性が激しく、その声を聞いたら鳥肌ものだ。メラニー・サフカは「周りにいる人たち」をどなりつけ〔訳注：*Tuning my Guitar*《私のギターのチューニングをしながら》の歌詞の一節〕、ダニエル・メシアは捨てられたと言って泣き〔訳注：*Pourquoi tu m'as abandonnée*《なぜあなたは私を捨てたの？》〕、パティ・スミスは「なぜなら夜は」と歌い〔訳注：*Because the Night*『ビコーズ・ザ・ナイト』〕、ウテ・レンパーは「マリー・サンダーズ」の運命を哀れみ〔訳注：クルト・ワイルの曲 *Marie Sanders* より〕、フランセスカ・ソルヴィルはパリ・コミューンをよみがえらせる〔訳注：ソルヴィルはパリ・コミューンをテーマにしたアルバムをリリースしている〕。ジュリエットは *Garçon Manqué*《おてんば娘》を気取り、ニナ・ハーゲンはクルト・ワイルの曲を吠えるように歌う。グリブイユは *Les Corbeaux*《カラス》につい

てわめき、パトリス・ムレとカトリーヌ・リベイロは素晴らしいコンビを組んで「平和」、「死」そして「扉の前の鳥」を歌う〔訳注：《カトリーヌ・リベイロ＋アルプ》としてリリースした曲である *Paix*《平和》、*Un Jour...La Mort*《いつか……死が》、*L'Oiseau devant la Porte*《扉の前の鳥》〕!

新しい音楽を発掘したければ、どんな手段も無視してはいけない。コンサート、インターネットの掲示板、フリーでアクセスできる音楽サイト……。そしてもちろん、インターネットラジオのサイト *Bide & Musique* でラインナップされている曲だ。このサイトのおかげで、エヴァリスト、アドニス、マリー、アメリー・モラン、ベルナール・ブラバンあるいはベルナール・イシェールといった歌手や、シャンゼリゼ通りの滑走路についての歌〔訳注：ムーヴィー・ミュージックの *Stars de la Pub* (*L'avion décolle sur les Champs Elysées*)《シャンゼリゼ通りを飛行機が飛び立っていく》〕、そしてモスクワを称えるディスコ賛歌〔訳注：テレックスの *Moskow Diskow*『モスコウ・ディスコウ』より〕も知ることができた。

研究もそれと同じだ。あらゆる方向を探索する。アンテナを張り、あらゆることに耳を傾ける。そうすると、時折、雷のような一撃を受け、あるプロジェクトに身も心も投じ、それを何百回も繰り返し、他のものは何もいらなくなる。ほとんどいらなくなる。

ときには二つの世界が互いに通じ合うこともある。仕事中、私の心の支えになったいくつかの曲は、いつも私の研究の重要な瞬間をともにしている。

ジュリエットがわめき立てるように *Monsieur Venus*《ムッシュー・ヴィーナス》を歌うのを耳にすると、2006 年にリヨンのある部屋の天窓の下で、国際数学者会議議事録の担当部分を書いていた自分を思い浮かべてしまう。

いたずらっ子のようなアメリー・モランの *Comme avant*《昔のように》やメロディアスなゾンビーズの *Hang Up on a Dream*『夢やぶれて』は、2007 年の夏に私をタイムスリップさせる。オーストラリアのアパルトマンで、まさに最適輸送の正則性理論を選り抜きの専門家たちから教わっていたのだ（と同時に私が『DEATH NOTE』の L〈エル〉、M〈メロ〉、N〈ニア〉の冒険に熱狂したの

もここでのことだが、それはまた別の話だ)。

マリー・ラフォレが *Pourquoi ces nuages*《なぜこれらの雲が》を、誰も真似できないような独特の、か細いけれども同時に力強さを感じさせる声で歌い出すと、2003 年の冬、レディングで準統御性の謎について考えていたときを思い出す。

激情的なジャンヌ・シェラルの題名のない歌を聞くと、2005 年のサンフルールでの確率論サマースクールでの思い出に浸ってしまう。あのとき私は卓球大会でみんなの喝采を浴びながら優勝したのだ。

プロコフィエフの協奏曲第 2 番の第 4 楽章は私に涙を流させる。1999 年、アトランタで毎日のように聴いていた曲――その頃、最適輸送に関する初めての本を執筆していた。

モーツァルトのレクイエム。1994 年の高等教育教員資格試験の受験当時、毎朝この曲を目覚まし代わりにしていた。

パル・リンダー・プロジェクトの *Baroque Impressions*『バロック・インプレッションズ』がかかれば、この先もずっと心の中で、アイスランドでの冬の夜を思い出すことだろう。2005 年のシンポジウムでの発表が大成功を収めた後の夜、聴いた曲だ。

新たな発見への希望と不完全さに対するストレスを同時に味わったこと、あるいはぬか喜びで終わってしまうだろうと予感してしまう証明。研究の楽しさとつらさが混ざり合い、生きていることを実感する喜び――それは情熱がほとばしり出る音楽ととても相性がいい。

だが私が今夜いる場所は、他でもないここプリンストンだ。そして今夜のハードワークにはリベイロにつきあってもらおう。彼女のCD をこのあたりの店で見つけるのは不可能だが、幸いなことにインターネットがある。彼女のオフィシャルサイトにあるいくつかの曲や musicMe のサイトにある素晴らしいオムニバスセレクションを聴くことができる。

幻覚を抱かせるような *Poème Non Épique*《叙事詩ではない詩》はおよそ人間の想像を超越しており、フランス・シャンソン史においてもユニークな曲だが、あまりにも感情的すぎて、私の髪の毛は

逆立ち、その曲以外のことは何も考えられなくなる。この曲がかかっていたら仕事にならない。
　その代わりにすてきな *Jour de Fête*《祭日》を聴くことにする。力強さ、節度、感情、喚起する力を兼ね備えた曲を。

　　　　どこか別のところにいたかった
　　　　　どこにもないどこかに

　ここが私の好きなくだりだ。それまで抑え気味だった声が広がりを見せ、彼女の力強さを感じさせる。その声は"死んだ者、生きながら死んでいるも同然の者、生きている者を身震いさせる"〔訳注：カトリーヌ・リベイロの曲 *Cette voix*《この声》の歌詞の一部〕。

　　　　何も食べたくない、飲みたくもない
　　　　　ただ愛を交わしたかった
　　　　どこでもいい、どんなふうでもいい
　　　　　愛情からのものであれば
　　　　たとえくだらない愛であっても
　　　　　感情さえ通っていれば

　仕事をするんだ。セドリック、仕事をしろ。紅茶、方程式、リベイロだ。

　　　　……その夜、どれほどの病んだ人が
　　　　　愛を交わすのに苦労したか
　　　　死を思わせる夜明けの光に包まれ
　　　　吐息は酒の匂いを漂わせる……

　やれやれ……。
　この曲が終わると私はまたそれをかけた。何度も何度も。先に進むために必要なのは、この曲を延々とかけること。仕事だ。セドリック、仕事をしろ。

*

祭日（カトリーヌ・リベイロ）

特別な日がやってきた
どこもかしこもお祭り騒ぎ
それぞれの窓の向こうでは
ろうそくとゴム風船の飾りがきらめいていた
今夜は誰もがレジスターで
大はしゃぎにちがいない
店は福袋を用意する
すばらしい無駄遣いの日

パリはきらきら光っていても
私の中の何もかもがうつろ
私はそこですれ違う
軌道を外れて迷いこむ衛星と
歩道をぶらぶらほっつき歩き
お高くとまった店に入ってみたり
レアものまがいを探してみたり
最後のプレゼントを探している

別のところにいたかった
どこでもないどこかに
何も食べたくない、飲みたくもない
ただ愛を交わしたかった
どこでもいい、どんなふうでもいい
愛情からのものであれば
たとえくだらない愛であっても
感情さえ通っていれば

電話のベルは鳴らずじまい
電話局のせいに違いない
シャンパンはまったく味がしない
眠ってはいけないと夜を明かし
過ぎゆく時が心を引き割く
窓ガラスに打ちつける雨
誰もいないベッドの中でほてる身体より
惨めなものは他にない

その夜、どれほどの病んだ人が
愛を交わすのに苦労したか
死を思わせる夜明けの光に包まれ
吐息は酒の匂いを漂わせる
あれは特別な日だった——平和の日
憧れのアメリカのはるか彼方で
私の軌道に衛星が
迷い込むのを夢見ながら

第 29 章

2009 年 4 月 20 日、プリンストン

　ティーカップを手に老人は私のほうを向き、何も言わずにじろじろと見ている。普通からずれている私の服装に当惑しているようだ。

　そういう視線には慣れている。普段ならば、私の服や私のクモを見て驚いたりぎょっとしたりしているのだろうと、好意的に受け止め楽しむところだ。だが今回ばかりは私も、少なくとも相手と同じぐらいおじけづいていた。老人の名前はジョン・ナッシュ。過去 100 年で最も偉大な解析学者。1928 年生まれで、数学における私のヒーローだ。フィールズ賞を受賞しなかった彼は、その失敗を数十年もの間、苦々しく反芻していた。確かに彼は若い頃研究した「ナッシュ均衡」でノーベル経済学賞を受賞し、ゲーム、経済、生物学理論の分野で有名になった。だが、専門家にとっては、その後に彼が収めた業績のほうがはるかに際立つものであり、フィールズ賞のメダル一つどころか二つ、いや三つ分に値する。

　1954 年、ナッシュは滑らかさのない埋め込みを導入した。まるでピンポン球を変形させることなくしわくちゃにする、あるいは完全に平べったいリングを作るといった、ありえないものを生み出してしまうとんでもない理論である。ナッシュの幾何学的功績を地球上で誰よりも理解していたグロモフは「それはあり得ないことだったが、真実であった」と言い、そこから凸積分の理論を発展させた。

　1956 年になると、ナッシュは疑い深い同僚アンブローズの挑戦に応じ、数学界のショパンのような存在である貴公子リーマンの抽象的な幾何学は、すべて具体的に実現可能であることを証明した。こうして彼は数学界の 100 年近く前からの夢を実現したのである。

　1958 年、ナッシュはニーレンバーグからの質問に答える形で、既知の範囲で楕円性の仮定を満たす係数をもつ放物型方程式の解の連

続性、つまりまったく不均質な固体における熱の時空間的連続性を証明した。まさにこれこそが偏微分方程式の近代理論の始まりとなった。

運命のいたずらか、天才修道士のエンニオ・ド・ジョルジは、ナッシュと同じ時期にまったく違う手順でこの問題を解いた。だからといって、ナッシュの功績は何も損なわれることはない。

ナッシュは存命中にハリウッド映画の主人公になったという珍しい科学者の一人だ。この映画を私はさほどいいとは思わなかったが、その原作となった伝記『ビューティフル・マインド——天才数学者の絶望と奇跡』は非常に気に入っている。

ナッシュがハリウッドの関心を引いたのは、彼の数学における偉業のためだけでなく、彼にまつわる悲劇的なエピソードのためだ。30歳のとき、彼は狂気に陥る。それから約30年間、精神科病院への入退院を繰り返し、プリンストン大学の廊下を哀れな亡霊のように徘徊していた。

そして彼は狂気の淵から帰還したのである。80歳を過ぎた現在、彼は私たちと同じように普通に生活を送っている。

ただし、ナッシュには私たちにはないオーラがある。それは、とてつもない業績、天才的なひらめき、問題を徹底的に分析し、解析するやり方によるものであり、それこそが彼を、私を初めとする現代の解析学者にとって守護神のような存在たらしめているのだ。

私をじっと見ている男性は、一人の人間以上の存在で、まさに生ける伝説だ。その日私は、彼に近づき話しかける勇気がなかった。

次に会うことがあったら、そのときこそ近づいてみよう。そして彼の滑らかさのない埋め込みの定理にヒントを得た証明を使って、私がどのようにシェファー–シュニレルマンのパラドックスについて発表したかを話すのだ。それからフランス国立図書館で彼について発表するという計画のことも話そう。彼が私にとってヒーローのような存在だということまで告白してしまうかもしれない。彼はばかばかしいと思うだろうか？

*

1956 年、ニューヨーク。大柄でたくましい男がコンクリート製のいかめしい扉を押して中に入ろうとしている。扉には《クーラント数理科学研究所》と書かれている。男の誇らしげな立ち居振る舞いは、半世紀後にハリウッドでその男を演じることになるラッセル・クロウと比べても見劣りしない。彼の名前はナッシュといい、*28 歳*にしてナッシュ均衡を導き出し、埋め込み定理の証明によってすでに世界的に名をはせていた。これらはプリンストン大学、マサチューセッツ工科大学での業績である。そしてニューヨークで彼は、新しい同僚たちと新しい問題に出会ったところだった。

ルイス・ニーレンバーグが出した問題に、ナッシュは惹きつけられた。最も優れた専門家たちでさえ失敗した問題……それこそナッシュにふさわしい好敵手だった！ その問題とは「不連続な係数をもつ放物型方程式の解の連続性」である。

1811 年、偉大なるフーリエは、冷却過程にある均質な固体における位置と時間に応じた温度の変化を支配する熱伝導方程式を次のように確立した。

$$\frac{\partial T}{\partial t} = C \, \Delta T.$$

以来、彼の方程式は、偏微分方程式という分野を代表する重要なものの一つとなった。こうした方程式は、潮の流れから量子力学まで、私たちを取り囲むあらゆる連続した現象を表すことができる。

任意の瞬間に、ある場所から別の場所へ急激に、また不規則に温度を変化させるといった、極めて不均質なやり方で固体を加熱したとしても、ほんの一瞬固体を冷やしさえすれば、温度の分布は滑らかになり、規則的に変化する。放物型正則化と呼ばれるこの現象は、偏微分方程式の授業で学生たちが最初に学ぶことの一つである。この現象に対応する数学的な説明は、物理学の範囲を大きく超える重要性をもっている。

固体がさまざまな材料で構成された非均質なものである場合、そ

れぞれの位置 x では、多少なりとも大きな伝導率 $C(x)$ が得られる。すなわち、その固体が多かれ少なかれ冷えやすいということである。その結果、方程式は次のように変化する。

$$\frac{\partial T}{\partial t} = \nabla \cdot \bigl(C(x)\,\nabla T\bigr).$$

この場合でも正則化の特性はそのままだろうか？

ニーレンバーグとは違って、ナッシュはこれらの方程式を専門にしていなかったが、その命題に食いついた。毎週毎週、ニーレンバーグのところにやってきては議論し、彼に質問を浴びせた。

当初、ナッシュの質問は素朴で、初心者がするようなものだった。ニーレンバーグにしてみれば、もしかしてこの男は過大評価されているのではないかと疑問に思うほどだった。実際、すでに有名で評価も高い人物が、自分がまだ把握できていない分野について初歩的な質問をするのには、かなりの勇気――あるいは並々ならぬ自信が必要である！　無意識であるにせよ、相手の返事の声の中に軽蔑や驚きが混じるだろうと、覚悟しなければならない。だがそれだけの代償を払うからこそ、進歩できるのだ……。そして少しずつ、ナッシュは厳密で適切な質問をするようになり、何かが姿を現し始めていた。

それから彼は、他の同僚たちとも議論をするようになった。ある者からは情報をもぎ取り、他の者からは助けを借り、さらに別の者には問題を出した。

才能豊かなスウェーデン人解析学者、レンナルト・カルレソンは、ナッシュにボルツマンとエントロピーについて話した。カルレソンはこのテーマについてよく知っている数少ない数学者の一人であった。彼は、最初にボルツマン方程式に挑戦した数学者であるトルステン・カルレマンの知性の遺言執行人のような存在だったと言わなければならないだろう。カルレマンはこの世を去るとき、この方程式に関する未完成の原稿を残した。そしてカルレソンに、その原稿を書き上げて推敲するという仕事が転がり込んできたのである。こうしてカルレソンは、エントロピーという概念を学び、ナッシュに

その概念を利用させることができるまでになっていた。

だがボルツマンとフーリエは同じではない。エントロピーと連続性はまったく関係がないのだ！

ところが、ナッシュの頭の中では、一条の光が射し、全体図が描かれた。そして手持ちの札を見せないまま、若き数学者はいろいろな人に質問しつづけ、こちらである補題を得たと思えば、あちらではある命題を得るといった具合だった。

John Nash

ジョン・ナッシュ

そしてある朝、ついにすべてを明らかにすべき時が来た。ナッシュは同僚たちから得た助言をすべて組み合わせ、それぞれの楽器の演奏者にパートを弾かせるオーケストラの指揮者のように、定理を証明した。

彼の証明の中心にはエントロピーがあった。そしてエントロピーは、ナッシュの演出にしたがって、ミスキャストに見えながらも、恐ろしく効果的な役割を演じたのである。半分数学的で半分物理学的な解釈からヒントを得たいくつかの数量を介在させながら微分不等式を用いるというナッシュのやり方は、私もその一員である数学

の世界の伝統において、一つの新しいスタイルを確立した。

第 30 章

2009 年 5 月 4 日、プリンストン

　後頭部がカーペットに触れたその瞬間、満ち足りた波動が頭からつま先まで、体中に広がる。午後 1 時あるいは 1 時半だろう。私は昼食を終え、仕事部屋に戻った。リラックスタイムにちょうどいい瞬間だ。

　さすがに、隣の建物の天体物理学者たちがやっている激しいリラックス法ではない。それでも、私と質素な仕事部屋の床との間には薄いカーペットがあるだけという、何も柔らかいものがない、やや野性的なリラックス法だ。薄いとはいえ、首元でカーペットの存在を感じることができる。慣れてしまった私は、まったくふんわりしていないこの感触を心から楽しんでいる。

　頭の中で午前中の出来事がすべて再生されていく間、閉じた目の前をいろいろな映像がよぎり、耳の中でざわめきが聞こえ、それがどんどん強くなっていく。

　今朝、リトルブルック小学校の子どもたちがプリンストン高等研究所を見学しに来た。そして、池や、花をつけた美しい木々や、古い図書館の中にあるアインシュタインの大きな胸像を見たのである。さあ、子どもたちよ、科学の魔法のお城をよく見ておくんだ！　偉大な科学者になるのを夢見るのに、8 歳で早すぎることはない。

　私は子どもたちのために 20 分のスピーチを用意し、原子の存在の証拠となったブラウン運動について話した。それから、8 歳の子どもでも理解できるほど単純でありながら複雑さも兼ね備えている、世界一優秀な数学者でも手に負えないと言われるあの有名なコラッツの問題についても説明した。

　子どもたちは研究所の大きなホールで静かに話を聞いた。ブラウン運動のとりとめもない動きを示した素晴らしい画像をノートパソ

コンに映して見せると、目を丸くしていた。一番後ろの列では大きな瞳のブロンドの少年が、誰よりもおとなしく話を聞いていた。ここに住むようになってからまだ4カ月しか経っていないが、パパがきついフランス語訛りで話す英語のスピーチをまったく問題なく理解していた。

それから昼までずっと仕事をし、おいしい昼食をとると、頭がぼんやりしてきた。カウンターをゼロにする時間だ。ほんの少しの休憩。これを私はリ・ブー・トと呼んでいる。つまりコンピュータの再起動だ。メモリを解放し、リスタートする。

耳の中にはまだざわめきが残っている。子どもたちが話し、また話し、すべてがくるくる回っているように感じる。私の顔の緊張は緩み、ざわめきはさらに大きくなり、話し声や歌の断片が飛び交い、そのうちのいくつかは他よりも大きく聞こえる。また昼食のひとときが戻ってくる。置き忘れたスプーン、子どもたちを歓迎する段取り、氷が溶けた湖、私の書斎にある胸像、$3n+1, 3n+2, 3n+3$、板張りの床、人影、君は小さな子どもを一人置いてきぼりにしてしまった。それから……。

手足がいきなりけいれんしたかと思うと、影が離れていき、意識が再びはっきりし始める。

私はタイミングをうかがっている。靴を脱いだ足の裏でアリがちりぢりになっていく少しの間、横になったままでいる。

両足は私の体内のレーダーから消えてしまった。あまりにも重くて、動かすことができない。山スキーをしているときに、スキー板の下で雪がどんどん固まり、身動きできなくなってしまうかのように。

それでも体を動かそうとしただけで、魔法がかかったように私のところに足が戻ってきて、再び私は完全な姿になった。休憩は終わりだ。きっちり10分かかったが、私は新品の数学者になった。

Cedric reboot（completed）

新しいセドリックが起動した。私は計算と、そしてランダウ減衰

についての論文に没頭する。図書館から借りてきたばかりのこの論文は半世紀前に書かれた古いものだが、今も通用する。ティータイムまでの2時間、集中的に仕事をするぞ。

*

シラキュースの問題、またの名をコラッツの問題、あるいは$3n+1$の問題は、あらゆる時代を通じて最もよく知られた未解決の謎の *1* つ。ポール・エルデシュが、「現代の数学はこのようなとんでもない代物に立ち向かう準備ができていない」と断言したほどだ。
"$3n+1$"とインターネットのサーチエンジンに入力してみよう。すると簡単に、人気のある曲のリフレインのように単純なのに頭が痛くなるような、あのいまいましい予想までたどることができる。

まず整数から始めよう。なんでもいい。たとえば *38*。

この数は偶数だ。そこで *2* で割ると *19* が得られる。

これは奇数だ。そこで、それを *3* 倍し *1* を足す。すなわち $19 \times 3 + 1 = 58$ となる。

これは偶数なので、*2* で割る……。

同じように続けていく。単純な規則を次から次へと数に当てはめていくのだ。偶数の場合は *2* で割り、奇数の場合は *3* をかけ *1* を足す。

たとえば *38* から始めた場合、数は次のように続いていく。*19, 58, 29, 88, 44, 22, 11, 34, 17, 52, 26, 13, 40, 20, 10, 5, 16, 8, 4, 2, 1, 4, 2, 1, 4, 2, 1, 4, 2, 1, 4, 2, 1, 4, 2, 1...*

もちろん、*1* までたどり着くと、それに続く数字の並びはわかる。*4, 2, 1, 4, 2, 1, 4, 2, 1* となり、あとは永遠に数が繰り返される。

人類の歴史において、これまでこの計算がなされるたびに、最終的にはいつも *4, 2, 1...* にたどり着いていた。これはつまり、最初にどの数から始めたとしても、必ずそのようになるということを意味しているのだろうか？

もちろん、整数は無限に存在するため、すべての整数で試してみ

ることはできない。今の時代、電卓、計算機、スーパーコンピュータなどどんな計算機を使っても構わないが、何十億、何百億と数を入れていっても、最終的にはいつも *4, 2, 1* にたどり着いてしまう。

これが一般的な規則であると証明しようとするのは、誰にとっても自由だ。正しいと考えられているが、どのように証明すればいいのかまだわかっていない。これは予想なのだ。数学は民主的なので、この予想が正しいと確認する、あるいは正しくないと覆すことに成功すれば、誰でも英雄として迎えられるだろう。

少なくともそれにトライするのは私ではないだろう。とてつもなく難しそうであるばかりでなく、私が考えるタイプの命題ではないからだ。それに私の脳はこうした形式の問題を熟考できるほど鍛えられてはいない。

*

Date: 2009 年 5 月 4 日（月）17 : 25 : 09 +0200
From: セドリック・ヴィラーニ <Cedric.VILLANI@umpa.ens-lyon.fr>
To: クレマン・ムオ <cmouhot@ceremade.dauphine.fr>
Subject: バッカス

さて、1960 年に出た JMP のバッカスの論文を送ろう（1 巻 3 号なのが残念だ。1 巻 1 号だったらもっとよかったのに！）。

ファンタスティックだ！ バッカスの論文の終わりから 2 番目の節を見てほしい。それからこの論文の最後の一文を！ ここ数年の論文を振り返ってみても、私にはこれらの疑問をはっきりと明言した人に心当たりがないだけに、いっそう注目すべきものだと思う……。

セドリック拝

Date: 2009 年 5 月 10 日（日）05 : 21 : 28 +0800

```
From: クレマン・ムオ <cmouhot@ceremade.dauphine.fr>
To: セドリック・ヴィラーニ <Cedric.VILLANI@umpa.ens-lyon.fr>
Subject: Re: バッカス
```

飛行機の中でバッカスの論文を少し読みました。実際とても興味深いです。線形化に関する問題や、フィラメンテーションによってバックグラウンドの項が空間に依存するとき、時間発展がどうなるかといった疑問点を彼はよくわかっていたのですから。それに全般的に見ても、ランダウ減衰に関する「標準的な」論文と比べて、驚くほど厳密ですし……。この論文を引用して加えなければなりませんね。たとえば 190 ページの数値解析に関する議論の部分、それから線形化に基づく結果が非線形に対して有効なのかどうかに疑問を呈した彼の結論の部分。これはわれわれの序文などに現れる概念的な難解さの一つにもつながりますので。

クレマン拝

第31章

2009年5月の美しい夜、プリンストン

　5月。プリンストン高等研究所では木々が花をつけていて、目を見張るほど美しい。

　夜も更け始めている。薄明かりの中、私は独りでさまよっている。闇、穏やかな心、空気の生暖かさが混ざり合った雰囲気を味わっている。

　高等師範学校の学生の頃、私は真夜中に学寮の暗い廊下をそぞろ歩くのが好きだった。ドアの下から漏れてくるいくつかの光の条(すじ)は、蛍光が波打っているように見え、ジュール・ヴェルヌの潜水艦の円窓から入ってくる光をほうふつとさせた。

　しかし、ここの芝生やそよ風は比較にならない。ここにも光はあるが、文明化された光ではなく、きらきらと芝生を照らす数え切れない星のような蛍が放つ自然の光なのだ。

　そうだ、思い出したぞ……私が読んだあの論文では、点滅する蛍にランダウ減衰の理論を当てはめていた。

　おい、セドリック、少しランダウ減衰は放っておけよ！　まったく(ミル・ボンボン)〔訳注：80年代に人気があった、児童書の人気シリーズ『少女名探偵ファントメット』（ジョルジュ・ショーレ作）のヒロインの口癖〕！　昼も夜もさんざんそれで苦労してきたじゃないか。考え事なんてやめて、蛍の光を味わえよ。

　おや、こんな遅くに誰が散歩しているんだろう？　あの人影には見覚えがある……まさか！　ウラジーミル・ヴォエヴォドスキーじゃないか。同世代のロシア人数学者で彼の右に出る者などいない。2002年のフィールズ賞受賞者で、グロタンディークの精神を受け継いだ一人だ。夜更けのプリンストンでは、できれば出くわしたくなかった相手である。

　ヴォエヴォドスキーも散歩中だった。ウォーキングだ。ひたすら

ウォーキング。外の空気を吸うためのウォーキング。だが明確な目的はない。レイ・ブラッドベリの短篇に出てくる「歩行者」のように。

私たちは立ち話をした。ヴォエヴォドスキーの数学ほど、私が研究している数学からかけ離れているものはない。彼の研究で使われる言葉はただの一語も私にはわからないし、おそらくその逆もしかりだろう。だが、彼は自分が何をしてきたのかを私に語るのではなく、自分の夢を話してくれた。彼の情熱をかき立て、彼が全身全霊それに打ち込めると自負しているテーマ——すなわちエキスパートシステム言語と自動定理証明について話してくれたのである。

Vladimir Voevodsky

ウラジーミル・ヴォエヴォドスキー

彼はかの有名な四色定理に対する、論議を呼んだあの証明について話し始めた。というのも、その証明は人間ではなくコンピュータによるもので、最近、INRIA（フランス国立情報学自動制御研究所）のフランス人研究者たちがエキスパートシステム言語 Coq を用いて示したことで波紋を呼んだからだ。

ウラジーミルは、近い将来、長くて複雑な論証も、コンピュータプログラムによって確かめるのが可能になると考えている。彼いわ

く、フランスではすでに、有名な結果に関する実験が行われている最中だそうだ。私は当初、半信半疑だったが、目の前にいるのは単に舞い上がっているだけの人物ではなく最も高いレベルの科学者なのだから、その話は真面目に受け止めるべきなのだろう。

私はこうした問題には今まで手をつけたことがない。まったくと言っていいほどアルゴリズムに取り組んだことはない。安定結婚問題（二部グラフのマッチング）や、単体法、そしてオークションのアルゴリズムは私の専門分野である最適輸送の数値シミュレーションにおいて重要な役割を果たしているが、ウラジーミルが今私に話しているものとはかなり志向が違う。この新しい分野はとても面白そうだ。研究したいと強く思わせるものがたくさんある。

花、言葉、四つの色、結婚……。ある美しいシャンソンにもこれらすべての要素が盛り込まれているではないか……。数学としてはまだ完成していないとしても。

*

1850 年頃、数学者フランシス・ガスリーは英国の州を色分けしていた。少しでも接している二つの州は必ず違う色にしなければならない。そうするといったい何本の色鉛筆が必要になるだろう？

ガスリーには 4 色でじゅうぶんだということがわかった。おそらくどのような地図であっても 4 色で足りると考えた。もちろん細かく分割されていない国の地図であっても同様だろうと。

3 色だと足りない。南米大陸の地図で調べてみよう。ブラジル、アルゼンチン、ボリビア、パラグアイを見てみると、この 4 カ国はいずれも残りの 3 カ国と国境を接している。したがって、少なくとも 4 色が必要となる。

本当に 4 色で足りるかどうかは、自分の好きな地図を塗り分けてみればわかる。ともかく多くの例で試してみることができる。だが、どうやってそれがどんな地図でも真であると証明できるだろうか？全部を試すことはできないだろう。というのも、地図の数は無限に

存在するからだ！　したがって、論理的な理由付けが必要となるが、それは簡単ではない。

　*1879*年、ケンプはこの結果を証明しようと考えた。だが彼の証明は*5*色あればいいと明らかにしただけで、間違っていた。

　段階を追って考えてみよう。*4*カ国が載っている地図ならばどうすればいいのかわかる。そこから始めて*5*つの国でやるのも簡単だ。それから*6*カ国で。このように続けていけるだろうか？

　では、*1000*カ国載っているすべての地図を*4*色で塗り分けることができたとして、今度は*1001*カ国載っている地図に挑戦するとしよう。その場合どうすればいいだろう？　まず、*1001*カ国のうち、少なくとも*1*カ国は接している国の数がとても少なく、せいぜい*5*カ国だということが示せる。その国と隣接国に注意を向ければ、色分けするのは簡単である。そして征服者を気取って、これらの*5*カ国のひとまとまりを中心に周りの国を併合し再編していくと*1000*未満の数の国の地図ができあがるので、色の塗り分けの方法はわかるだろう。いい考えだ……。だが、局所的な色分けと全体的な色分けとを継ぎ合わせようとすると複雑になってくる。たくさんのケースを考えなければならないからだ。何百万、さらには何十億のケースを考えなければならない！

　*1976*年、アペルとハーケンは*1000*以上の配置まで絞り込み、コンピュータプログラムの助けを借りて、そうしたパターンをすべて確認した。コンピュータを*2*カ月稼働させた結果、やはり*4*色で十分だと結論し、*100*年以上も前の予想を解いたのである。

　この証明を前にして数学界は大きく割れた。機械は人間の考察力を殺してしまったのではないだろうか？　シリコン集積回路に放り込んだだけで、この問題を本当に理解したと言えるのだろうか？　アペル-ハーケン支持論者と反対論者は対立し、コンセンサスは得られなかった。

　この論争に決着がつかないまま時が過ぎたが、さらに時代を経て*21*世紀になったばかりのフランスの*INRIA*（フランス国立情報学自動制御研究所）に舞台を戻そう。自動定理検証言語の専門家であ

るジョルジュ・ゴンティエは、この情報科学と計算科学を専門とする研究所に勤務する研究者の一人だ。ちょうどアペルとハーケンが紙面を賑わせていた同じ時代、夢を抱いた数名の理論家たちによって、ゴンティエの専門分野はヨーロッパで発展した。この自動定理検証言語は、まるで木の固さを枝から枝へと1本ずつ確認していくように数学の証明を検証する。スペルチェッカーが文章中の単語をチェックするように自動定理証明がチェックする推論が書き込まれた《論理木(ロジックツリー)》を想像してみよう。

　しかし、スペルチェッカーがきちんとつづられた単語にしか対応しないのに対して、自動で定理を分析するには全体の一貫性をチェックし、すべてが正しいかどうかを検証することになる。

　共同研究者のベンジャミン・ウェルナーの協力のもと、ゴンティエは、*Coq*と呼ばれる言語で四色定理の証明に取り組むことに決めた。ちなみに*Coq*という名前はその発案者のティエリ・コカン（*Thierry Coquand*）にちなんでつけられたものである。アペルとハーケンが用いたプログラムとは違って、*Coq*の動作は保証されている。*Coq*がバグを出さないことはわかっているのだ。それに*Coq*は計算結果を出力するわけではなく、*Coq*に入力したアルゴリズムから自動的に証明を生み出すのである。ゴンティエはそれを利用して、証明の「読み取り可能」な部分を書き直し、そうすることで、シンプルで効果的な、美しい何かを手に入れた。人間の手で書かれた証明の部分が*0.2*％で、機械によって補完された部分が*99.8*％かもしれないが、この*0.2*％の人間の手による部分こそが*Coq*では重要で、だからこそ*Coq*の場合は、それ以外の*99.8*％も信頼できるのである。

　ゴンティエと同僚たちは、遠くない将来、ロケットの発射や飛行機のフライト、あるいはパソコンのマイクロプロセッサなどを支配している複雑なプログラムを自動的に検証できるソフトウェアの開発を目標に研究している。*30*年前には甘い夢でしかなかったものに、今や数十億ユーロも投資が行われているのだ。

　根気強いゴンティエは今、非常に野心的なプロジェクトに乗り出

している。20世紀に証明された定理の中でも最も長いものの一つである、有限群の分類に関するいくつかの定理の検証である。

*

激しく叫ばれる言葉のために
ゆがめられる言葉のために
この宇宙全体に
炎が燃えさかるだろう
聞こえのいい演説のために
口は大きく開かれる
でも皮は売られるのだろう
太鼓の皮は

いつか私たちの言葉は
花について語るだろう
そして結婚について
4つの色について
あなたにはわかるだろうか
あの人たちは愛を語っていることを
私はあなたを
塔の下で待っていよう

その間、カインは相変わらずアベルを追いかける
でも、私がこの手でバベルの塔を作ったのだ

ギイ・ベアール作詞、*La Tour de Babel*《バベルの塔》(抜粋)

第 32 章

2009 年 6 月 26 日、プリンストン

　プリンストンでの最後の日だ。ここ数週間それはもうたくさん雨が降り、もはや冗談としか思えないほどだったが、今夜は空が澄み渡っている。もう一度散歩できるだろう。蛍が大きな木々を、きらめきを放つ数え切れないほどのろうそくで飾られたロマンチックなクリスマスツリーのように見せている。それから巨大なキノコ、すばしっこい小さなウサギ、夜のとばりからふっと現れるキツネの影、さまようシカのびくっとさせられる鳴き声……。

　ここのところランダウ減衰の前線では、いろいろなことが起きた！　ついに証明の筋道を最後まで通すことができ、全部再読した。自分たちの論文をインターネットにアップしたときの感動といったら！　零モードをついに制御することができた。クレマンは、私が自然史博物館から帰ってきたときに取り入れた二つの時刻のアイディアを一切抜きにしても大丈夫だと気がついたのだ。だからといって、全部やり直す気にはならなかった。それから、他の問題にならそのアイディアが使えるかもしれないと思って、差し障りがないところに残しておくことにした……必要に応じて、いつでも簡略化することができるだろう。

　私はこの成果をたくさんの人の前で発表した。回を重ねるごとに、できばえも話し方もどんどんよくなっていった。この成果は今や疑問の余地のない確固とした内容になった。どこかに一つぐらいバグがある可能性はまだ残っているが、今のところすべてがぴったりとはまり、私も自信があった。もしどこかに穴があるとしても、たいしたことはないだろう。修復はできる。

　プラズマ物理研究所（PPPL）で私は物理学者たちの前で 2 時間も発表を行った。そしてこの研究所の設備や実験室を視察するとい

う素晴らしい体験をさせてもらった。ここではプラズマの謎を解明し、ゆくゆくは核融合をも制御しようとしている。

ミネアポリスでは、ウラジーミル・スヴェラークが私の発表に大きな感銘を受けてくれた。私は準凸性という謎めいた概念について誰よりも理解しているこの人物に最大の敬意を抱いている。そして現在彼は、ナヴィエーストークスの解の滑らかさに関する第一人者なのだ。彼の温かい言葉のおかげで私は自信をつけた。

そしてここミネアポリスで、私は人の心をつかむこともできた。同僚のマーカス・キールのとても若くてみごとなブロンドの、とてもシャイなお嬢さんが、このシンポジウムでのパーティーで、とにかく私と遊びたがったのだ。きゃあきゃあ笑いながら、私の腕を握って鉄棒の逆上がりのようにくるりと回ったほどだった。マーカスは、知らない人には一言もしゃべらない自分の娘が外国人とこんなに仲良くするのを見て、あっけにとられていた。

ラトガースでは、あの疲れを知らないジョエルの統計物理学のシンポジウムの一つで再び研究成果を発表した。前回の発表とは似ても似つかない、確固たるものになった！

プリンストンでは、若い女性ばかり——と言っても過言ではないほど女性しかいない教室で講義を行った。これは「数学における女性」というプログラムの一環で行われた。若い女性数学者たちが、情報科学や電気工学ほどではないとはいえ、数学を圧倒的に男性的な学問だと決めつける呪いをはねのけるべく、大挙して押し寄せたのである。おそらくその中から、さまざまな世代の女性たちの憧れの的である偉大な女性数学者たち、たとえばソフィア・コワレフスカヤ、エミー・ネーター、オルガ・オレイニクあるいはオルガ・ラジゼンスカヤの後継者が出るのだろう。キャンパスをのっとった若い女性たちは爽やかな風をもたらした。夜になっても、ひんやりする空気の中、あちらこちらでひとまとまりになりながら散歩をしている彼女たちの何人かにすれ違う。

昨夜は家族と一緒にゴルフ場に別れを告げに行った。私は、シンポジウムからの帰りに、鉄道の小さな駅から研究所まで続く夜道

を一人で歩き、このゴルフ場を横切るのが好きだった。月の光の下、砂地が幻想的に波打って見えたものだ……。子どもたちは神妙な面持ちで、大事な宝物を地面に置いた。ここに来てから彼らが拾い集めてきた落とし物のゴルフボールすべてを。あっという間の6カ月だった！

　数学的に恵まれた状態はプリンストンにいた間ずっと続いていた。ランダウ減衰の問題を解いたあと、共同研究者のルドヴィクとアレッシオと進行中だったもう一つの大きなプロジェクトにも再び着手した。あらゆることがおぼつかないと思えていたにもかかわらず、こちらの研究でも私たちはすべての障害をクリアでき、魔法のようにすべてがうまく動き始めていた。しかも本当に奇跡的なことが起こった。15項にわたる莫大な計算の結果が、整理すると完全な平方となっていたのだ……予想できず、望んでもいなかった奇跡だった。というのも、結果的に、私たちが証明しようと考えていたこととまったく正反対のことを証明してしまったからだ。

　ランダウ減衰に関しては、私たちはまだすべてを完全に解いたわけではない。最も興味深い静電気力あるいは重力の相互作用については、非常に長い時間をかけて減衰が起こることは証明した。だが無限時間ではない。ここで私たちは行き詰まり、正則性も行き詰まってしまい、この解析の枠から出ることができないのだ。私は発表を終えると、頻繁に、次の二つのうちのどちらかの質問を受けた。「クーロン力あるいはニュートン力の相互作用でも、減衰は無限時間で起こるのですか？」「解析性の仮定なしでできますか？」。そのたびに私は「弁護士の立ち会いなしでは何も言えません」「このことに何か深い意味があるものかどうかは正直言ってわかりません」あるいは単に「そこまでは気が回りませんでした」などと答えていた。

　おや、私のように独りで散歩している若い女性数学者が近づいて来た。一緒に散歩させてほしいという。最適輸送についての私の発表を聞きに来たことがあるらしい。このテーマへの入門としてはよいことだ。こうして私たちは二人で、プリンストンの穏やかな夜空

の下、数学について話し合った。

　散歩も終わり、研究所に戻らなければならない。私の仕事部屋はほとんど空になったが、それでもまだメモの山が残っている。来る日も来る日も書き込んだメモのとてつもなく大きな山。途中で失敗した試みや成功した試みに関するすべての記録。丁寧に書き、強迫されるようにプリントアウトし、ぷりぷり怒りながら修正したこれまですべてのバージョン。

　全部持って行きたいところだが、飛行機に持ち込むにはあまりに多すぎる。すでに荷物はいっぱいなのだ！　だからこれはすべて処分しなければならない……。

　若い女性数学者は、圧倒されそうなほどの量のメモを私がじっと眺めているのを見るとすぐさま、そのちょっとした意味を理解した。思いがつまった紙の山をすべて捨てざるを得ないのだと気づいたのである。彼女は紙くずかごにこの山をきれいに積むのを手伝ってくれた。

　いやむしろ、そのくずかごの周りに山を積み上げるのを手伝ってくれたと言ったほうが正しいだろう……中に全部入れるなら、少なくともくずかごが四つ必要だったはずだ！

　さて、これで本当にプリンストンでの私の滞在は幕を下ろした。

*

　私は長い間、若き女性数学者限定の集いという原則について考えるたびに途方に暮れていました……。私自身が講演者としてプリンストン高等研究所で毎年行われるプログラム「数学における女性」の 2009 年の回に参加するまでずっとです。あのイベントを包んだダイナミックで熱狂的な雰囲気は私の思い出としていつまでも残ることでしょう。ですから、あのときと同じぐらい和やかで研究熱心な空気の中で《第 9 回アンリ・ポアンカレ研究所・若き女性数学者フォーラム》の討論や議論を、あなたがたがリードしてくださることを願っています。「女性数学者の館」へようこそ！

(2009年11月6日、アンリ・ポアンカレ研究所で行われた《若き女性数学者フォーラム》にて研究所所長による歓迎式辞)

第 33 章

2009 年 6 月 28 日、リヨン

　久しぶりに故郷に帰るとなんとも不思議な気分だ。
　市場(マルシェ)に買い物に来ないと、本当の意味で地元に帰ってきたとは言えないだろう。なじみの店を再び訪れ、パンやチーズを選ぶ。そして誰もがフランス語を話すのを耳にして驚きを感じる。半年ぶりにしぼりたての牛乳を 1 杯飲んだときには、涙が出るほどうれしかった。焼きたての柔らかいチャバッタやかりかりしたバゲットには言葉も出ない。
　私は自分の拠点に戻ってきたわけだが、何一つとして昔と同じものはなかった。自分のアパルトマンでさえ、留守中に職人が手を入れたせいもあって、やっとそれと認識できたほどだ……。だがそんなことはたいしたことではない。もっと重要なのは私の中で起きた変化だ。プリンストンで終えた仕事によって私は変わった。平地に戻ってもなお、探検してきた高地のことで頭がいっぱいの登山家と同じだ。私の科学的探究の道は、半年前には想像もつかなかったところへ偶然によって導かれた。
　1950 年代、科学に革命が起きた。可能性のある状態の数があまりにも多すぎるシステムを探索するのに、秩序立てて規則正しく探索したり、まったくランダムに次々とサンプルを選んだりするよりもむしろ、近くをランダムに移動するほうがよいとわかったのである。これがメトロポリス−ヘイスティングス法と呼ばれるアルゴリズムであった。そして今日、MCMC、すなわちマルコフ連鎖モンテカルロ法は、あらゆる分野で用いられている。しかしながら、物理学、化学、生物学における一見不条理にさえ見える有効性はいまだに説明がついていない。これは決定論に基づいた探索方法ではなく、完全にランダムな探索でもなく、ランダムウォークに基づく探

索方法なのである。

　だが突き詰めれば、これは決して目新しいものではない。人生も同じだ。ある状況から別の状況へ少し行き当たりばったりで進んでいくと、はるかに多くの可能性を探索することになる。出会いに導かれるままに携わる科学分野を変えていく研究者もそうだ。

　すべてが元の場所に戻り、すべてが再出発する。すでに私の持ち物は段ボール箱に詰め込まれている。まもなく引越し業者が、愛着のあるものをすべて運んでいくだろう。母が実際に横になってみて「頑丈なコンクリートみたいね」と言ったソファーベッド。「Hi-Fi（ハイファイ）」というラベルにふさわしく、かれこれ15年以上も使っている年季の入ったステレオセット。ときには高等師範学校の学生時代の手当を全額つぎ込んで買った数百枚ものCD、そしてあちこちで集めたカセットテープや中古のアナログレコードの数々。両側に引き出しがついた重厚な木製のデスク、数え切れないほどの本をぎゅうぎゅうに並べたアーリーアメリカン風の本棚、ロンドンから唯一運んできた木製のどっしりとした肘掛け椅子、ドローム地方で買った彫刻、祖父の描いた絵の数々……。これらすべてを伴って、私は新たな冒険に踏み出すのだ。3日後にパリのアンリ・ポアンカレ研究所所長としての任期が始まる。前任者は6月30日に執務室を空けてくれるので、私が引っ越すのは7月1日。これから現場で仕事を覚えていかなければならない。私の人生の新たな時代が始まろうとしている。

　私の個人的なMCMCの新たな一歩だ。

*

　70年代、80年代の長い空白期間を経て、1990年にIHP、すなわち《数学の館》は正式に生まれ変わる。新生IHPの運営を担当することになったピエール・マリー・キュリー大学（パリ第6大学）と4年ごとの契約を結び、CNRSからもサポートを受けるという枠組みの中で、国が研究所の刷新に莫大な投資をしたのだ。

この新しい組織は数学者ピエール・グリヴァールの監督のもとに設立された。だが、*1994*年、高等教育・研究大臣によって公式な設立式が執り行われる数カ月前にグリヴァールは早世してしまう。後任としてジョゼフ・オステルレ（ピエール・マリー・キュリー大学）が所長になり、*1999*年にミシェル・ブルエ（ドゥニ・ディドロ大学〔パリ第7大学〕）、*2009*年にセドリック・ヴィラーニ（リヨン高等師範学校）が就任。

　（アンリ・ポアンカレ研究所についてまとめたメモからの抜粋）

第 34 章

2009 年 8 月 4 日、プラハ

　ヨーロッパに神秘の町というものが存在するなら、それはまさにここプラハだろう。ゴーレムの伝説、ダニエル・メシアの歌〔訳注：*Avant-Guerre*《戦前》より。戦前のプラハや当時のその他の文化都市を想起させる歌〕、クラムとマイロウィッツが描いたカフカの伝記〔訳注：邦訳は『カフカ　コミック版』心交社、1994 年〕——これらすべてが通りを歩く私の頭に浮かんでくる。千年もの昔の時計台と露出度の高いダンサーがいるバーが隣接する前を通ったり、学生たちが悪魔の角がついた帽子やスーパーヒーローのマントをつけてクラブに踊りに出かけるのにすれ違ったりするときはなおさらだ。

　数週間前、オーベルヴォルファッハの道ですれ違った人々はみな、私の服装を目を丸くして見たものだが、ここプラハなら私は公認会計士だと言っても通用しそうだ。

　昨日は国際数理物理会議の開会式だった。主催は同名の学会である。今回は盛大に、私も含めて四人がアンリ・ポアンカレ賞を受賞した。この賞は、数理物理学の分野ではおそらく国際的に最高の名誉に相当するだろう。受賞者はオーストリア人のロバート・ザイリンガー（私と同様若手部門）の他には、スイス人ユルク・フレーリッヒとロシア人ヤコフ・シナイだ。受賞者は量子力学、古典力学、統計物理学、力学系の専門家であり、お互いに仲がよい。先見の明があるジョエル・レボウィッツが随分前から全員を、自身が編集する *Journal of Statistical Physics* の編集委員会に引き入れていた。私はこのような素晴らしい面々と一緒に受賞できたことを幸せに、そして誇りに思う。

　当初は予定に入っていなかったとはいえ、私も受賞者としてこの会議の総会で講演をさせてもらえることになった。ボルツマンにつ

いての研究でポアンカレ賞を受賞したとはいえ、ランダウ減衰について話すことにした。最近の研究成果を、数理物理学の世界で想像しうる最高の聴衆の前で発表できる願ってもない機会だからだ。

講演を始める3分前から私の心臓は破れてしまうのではないかと思うほど激しく高鳴り、大量のアドレナリンが体中を駆け巡っていた。だがいったん話し始めた今、私は落ち着きと自信を取り戻している。

「アンリ・ポアンカレ研究所の所長に就任することになった同じタイミングでアンリ・ポアンカレ賞を受賞するなんて、できすぎです。単なる偶然の一致ですが、こういうのは好きです……」

綿密に準備した英語での発表は滞りなく進んでいき、私は時間通りに講演を終わらせる。

「……最後にこの素敵な偶然の一致について言わせてください！ ニュートン力の相互作用の特異性を扱うために、ニュートン法の力を最大限に使うわけです。ニュートンは誇りに思っていいはずですよ！ 単なる偶然の一致ですが、こういうのは好きです……」

講演は大好評のうちに終わった。一部の聴衆の目には驚きと賞賛、そしてほんの少し恐れが入り交じっていた。確かにこれはとても脅威を感じさせる証明だと言わなければならないだろう。私自身の能力をも越えている！

それから若い女性たち。講演の前は、プラハの若い女性たちは私を見てもさほど関心を示さなかったが、講演を終えると、打って変わって我先とばかりに、発表の明晰さについて褒め言葉を言いに押し寄せてくる。中には感極まってたどたどしいフランス語で短い祝辞を言う女性もいる。

もちろん、お決まりの質問はあった。いつも同じ質問だ。「解析的な正則性を緩めることはできるのですか？」「ニュートン力の相互作用では、無限時間まで進められないのですか？」けれども、私のポルトガル人の友人ジアン＝クラウジ・ザンブリニはそのような質問を意に介さず、質疑応答が終わると私にこう耳打ちする。「セドリック、君が偶然の一致を引き寄せているのだから、私たちが君

のために願うことはただ一つだよ。フィールズ研究所に招待されることさ！」

　フィールズ研究所は、同じ名を冠する賞の授与にはまったく関係のない組織で、トロントにあり、あらゆるタイプの数学者のために定期的にシンポジウムを開催している。

　ジアン＝クラウジと笑い合っていた私のもとに……1カ月半後、まったくの偶然の一致により、招待状が届くことになる。

*

```
Date: 2009年9月22日（火）16:10:51 -0400（EDT）
From: ロバート・マッキャン <mccann@math.toronto.edu>
To: セドリック・ヴィラーニ <Cedric.VILLANI@umpa.ens-lyon.fr>
Subject: フィールズ2010
```

セドリック様

私は、「幾何学的確率と最適輸送」というテーマで今秋11/1〜11/5に開催予定のワークショップに携わっています。これは、「漸近的幾何解析」〔訳注：asymptotic geometric analysis〕についての《フィールズ・テーマ・セメスター》の一環として行われるものです。
このワークショップにあなたをご招待したく連絡いたしました。費用はすべてこちらで負担いたします。ぜひおいでください。
なお、もう一点、確認させていただきたいことがあります。少しお時間を割いてトロントの町やフィールズ研究所を見学することにご興味はございますでしょうか？　ご希望であれば、魅力的なご案内ができますように私たちも努力したいと考えております。
お返事お待ちしております。
ロバート

第35章

2009年10月23日、ニューヨーク

　フランスにいる子どもたちは、叔父さんが素手で捕まえたというイノシシの小さな赤ちゃんと仲よくなったそうだ。私もぜひ見てみたかった。

　だが、私はこの休暇を、たった数日間でアメリカを縦横に旅するという強行軍に使うことにしたのだ。すでにボストンには赴き、MIT（ノーバート・ウィーナーとジョン・ナッシュの軌跡をたどった！）とハーバード大学にも足を運んだ。今はニューヨークにいる。「フランスに帰り次第、その小さなイノシシを見に行って、森の中を散歩させるんだ」と自分に言い聞かせながら自らを慰めているところだ。

　夜になったので、電子メールをチェックする。胸がどきりとする。*Acta Mathematica*誌からメールが届いていたからだ。これを、業界では最も権威がある数学の論文誌だとみなしている人は多い。クレマンと私はここにあの180ページにわたるとんでもない代物を送り、発表してもらおうとしたのだ。私に連絡をよこしてきたのは、間違いなくその件についてだろう。

　とはいうものの……まだ送ってから4カ月も経っていない！　あの原稿の量を考えると、査読者が提出した意見をもとに編集者が肯定的な決定を下すにはあまりにも早すぎる。論文を却下したと伝えるためにメールをよこしたのでない限り、説明がつかない。

　メールを開き、斜め読みし、いらだちながら専門家たちのレポートを検討する。唇をかみしめてもう一度読む。六つのレポートは全体的に非常に肯定的だ。いずれも非常に肯定的だ。けれども……そう、また例の繰り返しだ。解析性について彼らは懸念を抱いている。長時間に限定されるケースだという点にも。いつも同じこの二

つの質問。これまで何十回も、発表するたびにこの質問には答えてきた。そして、結局、こうして原稿を却下される！　編集者は私たちの研究結果が決定的なものであるとは納得しなかった。この論文はこんなに長いのだから、なおさら通常よりも妥協の余地が与えられるべきではないという。

不当にもほどがある!!　この論文に私たちがこんなにも革新的なものを盛り込んだにもかかわらず、このテーマの完璧な開拓をせよと言うのか？　あれほど暗中模索しながら、あれほど多くの技術上の障壁を乗り越えてきたというのに、連中にとってはまだ十分ではないと言うのか??　もううんざりだ！

おや……。もう1通のメールには、私にフェルマー賞の授与が決まったと書いてある。この賞はフランス人数学者ピエール・ド・フェルマーにちなんだものだ。数学愛好者の大御所である彼は、17世紀にいくつかの数学の難問を提供し、ヨーロッパ全土の数学者に地団駄を踏ませた。彼は数の理論、変分法、確率の計算に革命を起こしたのである。今日、フェルマー賞は、2年に1度、これらの分野のうちの一つにおいて多大な貢献をした45歳未満の研究者一人あるいは二人に授与される。

この賞についての知らせは心の慰めにはなるが、それでも自分の論文が却下されたというフラストレーションを打ち消すことはできない。慰めるなら、少なくともぎゅっと抱きしめてくれないと。

*

　1882年、スウェーデン人数学者のヨースタ・ミッタク゠レフラーは北欧の僚友たちを説得し、高い水準の研究に特化した数学雑誌を北欧でともに作ることにした。ミッタク゠レフラーが編集長を務める、後の Acta Mathematica 誌である。

　ミッタク゠レフラーは、定期的に世界有数の数学者たちと交流しており、自身もきわめて的確なセンスの持ち主で、大胆さも十分に兼ね備えていたため、瞬く間に当時の一流どころの数学論文が彼の

もとに集まるようになった。自分が抱えるようになった執筆者の中でも間違いなく一番のお気に入りは、天才的で予想のつかないアンリ・ポアンカレである。ミッタク＝レフラーはポアンカレの斬新で長い論文を載せることをいとわなかった。

この雑誌の歴史において最も有名なエピソードは、ポアンカレの業績の中でも非常によく知られた逸話の一つでもある。ミッタク＝レフラーの助言にしたがって、スウェーデン王オスカル2世は大規模な数学コンクールを主催した。参加者は、短いリストの中からテーマを一つ選ばなければならない。このコンクールに挑戦するのに、ポアンカレは「太陽系の安定性」を選ぶことにした。なんと、ニュートンの時代からの未解決問題を選んだのである。実際、ニュートンは太陽系の惑星の方程式を書いたとはいえ（惑星は太陽に引きつけられており、惑星同士も互いに引きつけあっている）、彼自身は、これらの方程式を用いて太陽系の安定性を導くことはできず、反対に、予言された大惨事——たとえば二つの惑星の衝突——が太陽系の惑星に内在しているかどうかについても明らかにはできなかった。そして数理物理学界では、この問題を知らない者はいない。

ニュートンは、太陽系は本質的には不安定で、私たちが目にしている安定性は神聖なる恵みの手のおかげであると考えていた。しかしながらその後、ラプラスとラグランジュ、そしてガウスが、太陽系はニュートンのいうところの「巨大時間」、おそらく数百万年単位で安定していると証明したのである。これは、ニュートン自身が考えていたよりもはるかに長時間であった。そして、かつてしたためられたいかなる記録よりもはるかに長時間のスケールで天体の挙動を質的に予想したのは、人類史上初めてのことだった！

だが疑問は残されたままだった。この「巨大時間」が経過すると、大惨事が起こる可能性はあるのだろうか？　たとえば、*100万年*ではなく*1億年*先であれば、火星と地球が衝突する危険があるのだろうか？　特にこの問題には、物理学全般における根本的な質問が潜んでいる。

ポアンカレは太陽系全体を扱わなかった。あまりにも複雑だからだ！　その代わりに、彼は縮小し理想化した太陽系で考えるようにした。つまり太陽のまわりを周る二つの惑星しか計算にいれず、そのうちの一つの惑星はもう一つよりもずっと小さかった。木星と地球以外のすべての惑星の存在を無視するようなやり方だ……。ポアンカレはこうして問題の本質を取り出して研究し、さらに単純化し、そこから生きた心臓を取り出した。このコンクールの問題を解くために、新しい方法を開発したのである。そしてこの縮小した太陽系で永久安定性を証明したのだ！

この偉業によって、ポアンカレはオスカル王より名誉と報奨を授けられた。

勝利を収めた論文は *Acta Mathematica* 誌に掲載されるはずだった。だがこの原稿を校正していたアシスタントは、ポアンカレの解法の中で不明瞭な点がいくつかあることに困惑していた。何も不思議なことではない。ポアンカレが明晰さの鑑とはとても言えないことは、誰もが知っている。そこで、アシスタントは自分の疑問をフランス数学界の重鎮である本人に投げかけた。

ポアンカレが自分の証明の中に重大な間違いが潜んでいたことに気づいた頃には、この論文はすでに出版されてしまっていた！　正誤表で対応できるレベルではなく、論文の結果自体に深い瑕疵があった。

ミッタク＝レフラーは動じることなく、刊行された雑誌を 1 冊ずつ、誰かがその間違いに気がつく前に、取るに足りない口実をつけて回収したのである。彼はその版をすべて……ほぼすべて絶版にした。ポアンカレはその費用を払った。オスカル王からもらった報奨金より高くついてしまったという。

この話がありきたりなもので終わらなかったのは、ポアンカレが自らの間違いを、それからの行動の出発点にしたからである。それまでの結果をすべて捨て、結論を変え、それが自分自身が考えていたことの反証になると気づいたのだ。つまり、太陽系の不安定性はあり得ると！

訂正し、再び出版された論文は、今日、世界中の何万人もの研究者が取り組んでいる力学系の理論の基礎となった。カオス理論、バタフライ効果といったものはまさにポアンカレのこの論文に由来する。*Acta Mathematica*誌にとってとんだ災難になるはずの事件が、大きな勝利となった。

　この雑誌の栄光は輝かしくあり続けた。世界有数の権威のある業界誌、いやおそらく最も権威のある雑誌になった。今日、年に *1* 度出版される *600* ページの雑誌に研究論文を滑り込ませることができれば、数学界でプロとして生きていくという将来が保証されたようなものである。

　1912 年にポアンカレが亡くなったとき、フランスでは国民的英雄として業績がたたえられた。*1916* 年、今度はミッタク＝レフラーが亡くなると、彼の住まいは、世界各地からやってきた数学者たちが新しい問題について議論したり考察を深めたりできるような国際研究センターに生まれ変わった。このミッタク＝レフラー研究所は、そうした類の施設としては世界初であり、現在も運営は続いている。*1928* 年、国際的な交流の場という同じ趣旨のもと、研究者向けの講義に重点を置いた二つめの国際研究センターがパリに設立された。それがアンリ・ポアンカレ研究所である。

Henri Poincaré & Gösta Mittag-Leffler

アンリ・ポアンカレとヨースタ・ミッタク＝レフラー

第 36 章

2009 年 10 月 27 日、アナーバー

アナーバーにとったホテルの部屋にいる。超一流の数学者が何人かいるミシガン大学で数日を過ごしているのだ。

クレマンは *Acta Mathematica* 誌から却下されたことにひどく打ちのめされていた。彼は決定を見直すよう説得したいと、そして多少問題が残っているにせよ、われわれの研究結果がなぜ革新的で重要であるかを説明したいと思っていた。

だが、こうした権威ある雑誌というものについて、私は彼よりも良く知っている。私自身、競合誌である *Inventiones Mathematicae* 誌の編集を担当しており、持ち込まれる原稿をどれほど容赦なく審査しなければならないかはわかっているからだ。*Acta* 誌の編集者たちはさらにシビアだ。査読者に悪意がある（だがこの点についてはそんな様子は一切ない）ことを証明するか、あるいは新しい要素を提示しない限り、彼らの心を動かすことはできないだろう。

一つ道があるとするならば、この膨大な論文を二つに分けて、もっと出版しやすくすることだ。だが私はこのやり方が嫌いだ……。したがって当面、これはこのまま寝かせておくことにした。

アナーバーでの発表はうまくいったが、ここでもまたいつもと同じ質問を受けた。私は、昔からフランス人数学者たちと共同研究をしている偏微分方程式の専門家、ジェフリー・ラウチと議論した。ジェフは、この結果が無限時間では役に立たないことは大して問題にしていなかったが、解析性の仮定が気に入らなかった。実際、他の人たちは、彼とは反対に無限時間にこだわるが、解析性の問題はほとんど意に介さないので、それは大した問題ではないと思うこともできるだろう。だが、私はジェフの判断を信頼している。だからこそ彼の批評に動揺した。というわけで今夜、私は彼に見せるため

に、われわれの証明は可能な限り厳密であり、改良の余地はないに等しいという理由を紙に書いている。この作業は彼のためであるのと同時に自分のためでもあるのだ。

Jeff Rauch

ジェフリー・ラウチ

刻々と過ぎる時間——ホテルのベッドの上でひたすら書き殴ったが、そもそも私自身が納得いかない……。もし、自分を納得させることができないのなら、ジェフを納得させられるわけがない!!
「もし私がやり方を間違えているのなら……。もし私の評価が粗すぎるのなら……? だが、ここでは何も失っていない……。あそこで何かドジを踏んでいたとしたらえらいことだが……。ここは最適だ……。あそこでは、単純化は改良する方向にしか働かない、魔法でもない限りは……」

自転車乗りが自転車のチェーンにわずかでも弱い部分がないかをチェックするように、私は証明をたどっていった。段階ごとに、論証が厳密であるかどうかを確かめていった。

ところで、ここ!?!?!

ここだ！　ここがきっと粗すぎたのだ！
　でもどうすればいいのか？
「まったく、どういうことなんだ？　これらのモードが互いに離れていくことには気づいていなかったよ。和による比較では粗すぎたのだろうか？　もしこれが和の上限をとっているとしたら、当然ここに損失があるじゃないか!!　ううむ、だとしたら確かに、技術的な複雑さのせいで見落としていたのかもしれない……」
　ぶつぶつ言いながら私は頭の中でやり直していた。
「そりゃそうだよ……モードは互いに離れていて、重みが移動する。モード全体を見た場合、とんでもない損失がある!!　でもそれなら、これらのモードを別々に制御しなければならないじゃないか!!!」
　ベッドの上で鉛筆を手に、まさに啓示を受けたような瞬間だった。私は立ち上がると、メモを手に、難解な式をじっと見ながら部屋の中を歩き回った。まさに今、論文の運命がまたもや大きく変化したのだ。今回はただミスを直すのではなく、結果を改良することになる。
「さて、どうやって処理しようか？」
　私にはわからなかったが、やるしかない。実行あるのみだ。いつも繰り返されてきた二つの反論に答えるための道筋がついに見えたのだから。

*

　最も興味があるのは $\gamma = 1$ の場合であるから，何か手強い問題だと思いたくなる．しかし，それはわなだ．なぜなら，全体のノルムを評価するのではなく，モードを分離し，それぞれを評価することによってより正確な評価が得られるからだ．つまり，次のように定めると，
$$\varphi_k(t) = e^{2\pi(\lambda t+\mu)|k|} |\widehat{\rho}(t,k)|,$$

次の系が得られる.

$$\varphi_k(t) \leq a_k(t) + \frac{c\,t}{(k+1)^{\gamma+1}}\,\varphi_{k+1}\left(\frac{kt}{k+1}\right). \tag{7.15}$$

ここで $a_k(t) = O(e^{-ak}\,e^{-2\pi\lambda|k|t})$ という関係を仮定しよう. まず, 時間に関する依存性を以下のように単純化する.

$$A_k(t) = a_k(t)\,e^{2\pi\lambda|k|t}, \qquad \Phi_k(t) = \varphi_k(t)\,e^{2\pi\lambda|k|t}.$$

すると (7.15) 式は次のようになる.

$$\Phi_k(t) \leq A_k(t) + \frac{c\,t}{(k+1)^{\gamma+1}}\,\Phi_{k+1}\left(\frac{kt}{k+1}\right). \tag{7.16}$$

(最後の項の指数は $(k+1)(kt/(k+1)) = kt$ であることから正しいと確かめられる.) ここで, $\Phi_k(t)$ の評価が劣指数的ならば $\varphi_k(t)$ が指数関数的に減衰すると示唆される.

ここでもう一度, A_k が時間的に変化せず, $k \to \infty$ のときに e^{-ak} のように減少するとしてべき級数を考える. そこで, $a_{k,0} = e^{-ak}$ として $\Phi_k(t) = \sum_m a_{k,m}\,t^m$ とかけると仮定しよう. 読者への練習問題だと思って, 少し計算をしてもらえば, 係数 $a_{k,m}$ に対する 2 重の再帰的な評価を行うことによって次の結果を導くことができる.

$$a_{k,m} \leq \text{const.}\,A\,(k\,e^{-ak})\,k^m\,c^m\,\frac{e^{-am}}{(m!)^{\gamma+2}},$$

したがって

$$\Phi_k(t) \leq \text{const.}\,A\,e^{(1-\alpha)(ckt)^\alpha}, \qquad \forall \alpha < \frac{1}{\gamma+2}. \tag{7.17}$$

これは $\gamma = 1$ であっても劣指数的である. 実際, 異なる k におけるエコーは時間に関して漸近的にみると分離は比較的良い, という事実を用いている.

最後に, 相互作用の特異性の影響で収束レートは分数べき指数だけ遅くなると考えられる. 発生源の k 番目のモードが $e^{-2\pi\lambda|k|t}$ のように減衰するならば, 解の k 番目のモードである φ_k は

$e^{-2\pi\lambda|k|t}\,e^{(c|k|t)^\alpha}$ のように減衰する．より一般的には，k 番目のモードが $A(kt)$ のように減衰するならば，$\varphi_k(t)$ は $A(kt)\,e^{(c|k|t)^\alpha}$ のように減衰すると予想される．そこで前述のように，分数べき指数にとても大きい定数を導入して，とても遅い指数に吸収する，すなわち，以下のようになる．

$$e^{t^\alpha} \leq \exp\!\bigl(c\varepsilon^{-\frac{\alpha}{1-\alpha}}\bigr)\,e^{\varepsilon t}.$$

(リュミニの国際数学会合センター〈CIRM〉で開かれた 2010 年度サマースクールのために私が書いた，ランダウ減衰に関するメモの抜粋)

第 37 章

2009 年 11 月 1 日、シャーロット空港

　パームビーチからプロビデンスへの乗り継ぎのために何の変哲もない空港にいる。セキュリティーチェックという苦行を終えたばかりだ。小銭を全部出さなければならないことすら誰にとっても面倒なのに、カフスボタンや懐中時計など身につけていて、おまけにポケットのあちらこちらに USB メモリが一つか二つ、ペンが五、六本入っているとなると……。

　パームビーチでは、エマニュエル・ミルマンが主催したシンポジウムに参加した。なんて優雅な生活！　たった数メートルで町からビーチへ行ける。海は温かい風呂のようだ。夜の気温は理想的で、誰もいないので水着も必要ない……。それこそバスタブの中にいるようだった。海の大きさのバスタブ。波も、柔らかな砂までついている。しかもこれが 11 月だというのだから！

　だがそれも終わりだ。寒い場所へ戻らなければ。自然に逆らう速さの飛行機のおかげで、あっという間に連れていかれてしまう。

　パームビーチでの滞在の間、1 日か 2 日はランダウ減衰を忘れることができたが、今は再び頭の中すべてを占領している。アナーバーでひらめいた路線で全体を改良するにはどのようにすればいいのかがわかり始めていた。だが、とてつもないものになりそうだ！　まだ準備段階なのに、プロビデンスで自信をもって話せるだろうか？　この問題のきっかけを作ったヤン・グオも来る予定なので、この発表は非常に重要になる。

　私はどのように改良するかアウトラインをメモに書いて計算をやり直し始めた。我が目を疑った。どこかうまくいかないものがある。矛盾するのだ。

「こんなに強い評価を証明できるなんてあり得ない……」

さらに数分経つと、私は納得した。証明のいくつかの複雑な部分にミスがあったのだ。となると、すべてが間違っているのだろうか？　くらくらして飛行場が揺れているように感じる。

　私は気を取り直した。セドリック、このミスはたいしたことはない。論文は全体を通してできすぎと言ってもいいほど筋が通っている。間違いは局所的なもので、この箇所だけだ。なぜってこのろくでもない二つのずれによって計算があやふやになっただけだから。博物館から帰ってきたときに君が導入した時間における二つのずれのせいなんだよ！　だがあの後クレマンが、どうやったらそれなしでできるかをきちっと見せてくれたじゃないか‼　だから、これらのずれを方向転換させないとあまりに危険だ……。こんなに複雑な証明の場合、あやふやになりそうな元凶は、どんなに些細なものであっても絶ち切らないといけない。

　それでも、もし私がこの二つのずれを見つけなかったら、ずっと八方ふさがりのままで終わっていただろう。これこそが私たちに希望を与えてくれ、再び前進する力になってくれたものだ。その後、これなしでもできることがわかったにしてもだ。で、結局それが間違いだというのか⁉　こうなったらこの二つのずれに頼らずに、淡々と全部書き直すしかないな。

　とりあえず今は、プロビデンスでどう発表するかを考えよう。改良すべき点を特定できたと思うと伝えるべきだろう。大事なことだ。いつもこの結果に対して投げかけられていた二つの批判に対する回答になるからだ……。だが、もうごまかすことは許されない。はったりもダメだ！

　パームビーチからプロビデンスへ──まったく、なんて波乱含みの旅なのだろう。

＊

ウエスト・パームビーチ／プロビデンス間のお客様の予約情報

フライト情報：2009年11月1日（日） 所要時間：6時間39分
出発：15：00
　　　ウエスト・パームビーチ、PBI空港（米国フロリダ州）
到着：16：53
　　　シャーロット・ダグラス空港（米国ノースカロライナ州）
　　　USエアウェイズ1476便 ボーイング737-400号 エコノミー席

出発：19：49
　　　シャーロット・ダグラス空港（米国ノースカロライナ州）
到着：21：39
　　　プロビデンス、TFグリーン空港（米国ロードアイランド州）
　　　USエアウェイズ828便 エアバス・インダストリー A319号 エコノミー席

*

クーロン力/ニュートン力（最も興味のある場合）

　クーロン力/ニュートン力の証明では，相互作用と解析的正則性の**両方とも**証明が難しい．しかし，この結果は指数関数的に長い時間でもうまく働く．「なぜなら」

- 予想される線形の減衰は指数関数的である．
- 予想される非線形の増加分は指数関数的である．
- ニュートン法の収束速度は双指数関数的である．

　ここでもまた，異なる空間周波数のエコーが漸近的に比較的良く分かれているという事実を用いて進めることができそうである．

（ブラウン大学での私の発表の抜粋，2009年11月2日）

第38章

2009年11月29日、サン・レミ・レ・シュヴルーズ

　日曜日の朝、ベッドの中で私はあれやこれやと紙に書きつけている。数学者の生活の中でも恵まれたひとときだ。

　論文の最終版を読み直しては、削除し、訂正を書き入れる。ここ数カ月で最も晴れ晴れとした気分だ！　私たちは全部書き直した。油断ならない二つのずれは削除した。漸近的な時間におけるエコーの分離を用いることに成功し、証明の根本的な部分を変え、今までは包括的に扱っていたものをモードごとに検討し、解析性の条件を緩めた上で、これまで私たちの耳が痛くなるほどみなが指摘してきた無限時間におけるクーロン力の場合を含めた……。すべてやり直し、すべてシンプルにして、すべて再読し、すべて改良し、それからもう一度すべて再読した。

　本来なら、こうした一連の作業に3カ月はかかるだろう。だが熱に浮かされたような状態だったので、3週間で足りた。

　細かいところを再読しながら、なぜこんなやり方を思いついたのかというところが随所にあり、何度も感心した。

　以前よりずっと確固たる結果になった。と同時に、グオのような専門家が長年疑問に思っていた問題を解いたことになる。専門用語で言えば、「非単調な線形安定性をもつ一様な平衡状態の軌道安定性」と呼ばれている問題だ。

　私たちは文章を足したが、別のところは簡略化したので、論文は当初とほとんど変わらない分量となった。

　それと新しい数値シミュレーションが届いた。先週、初めて送られてきた結果を見たとき、私は飛び上がるほど驚いた。フランシスが極めて厳密な手順を踏んでコンピュータで実行した計算は、私たちの理論的な結果とは完全に矛盾しているように見えたからだ。だ

が、動じることなく、その結果に対する疑問をフランシスに伝えたところ、さらに厳密であるとみなされている別の手順で全部やり直してくれた。今回、新たに届いた結果は、理論的に予想されたものとぴったり合っていた。やれやれ！　かくして計算機は人間の質的理解力に取って代わるものではないということがわかった。

明日にはインターネットに最新版を載せることができるだろう。そして週末には *Acta Mathematica* 誌に再提出する。この版ならば掲載してもらえる可能性がずっと高くなる。

頭の隅で私は、ポアンカレのことを考えずにはいられなかった。最も評判の高かった論文が *Acta* 誌に却下され、それを書き直し、ついに出版までこぎ着けたポアンカレのことを。同じことが私にも起こるかもしれないではないか？　すでにもう、ポアンカレ・イヤーだ。ポアンカレ賞も受賞し、いまやポアンカレ研究所の所長なのだから……。

けれどもあれはポアンカレだからこそ……セドリック、傲慢な妄想は慎まないとな。

*

2009年12月6日、パリ

セドリック・ヴィラーニ
リヨン高等範範学校（*ENS Lyon*）
& アンリ・ポアンカレ研究所（IHP）
11 rue Pierre & Marie Curie
F-75005 Paris, FRANCE

`cvillani@umpa.ens-lyon.fr`

ヨハンネス・フェストランド[*1] 様
Acta Mathematica 編集者
ブルゴーニュ大学ブルゴーニュ数学研究所（*IMB*）
9, Av. A. Savarey, BP 47870
F-21078 Dijon, FRANCE

`johannes.sjostrand@u-bourgogne.fr`

Acta Mathematica への再投稿

フェストランド教授殿

 *10月23日*付の貴殿からの手紙にしたがって改訂した論文「ランダウ減衰について」を *Acta Mathematica* に投稿致します。

 最初の投稿に対する査読レポートにあった、何人かの査読者からの懸念については十分に注意を払いました。ここに提出する原稿は十分に改訂され、こうした懸念にはすべて回答がなされたと信じています。

[*1] 訳注: Johannes Sjöstrand

まず最初に、最も重要だと思われる点ですが、本稿では主結果がクーロン力とニュートン力のポテンシャルの両方を含んでいます。解析性をもつ設定において、この点だけがわれわれの解析で欠けていました。

物理学においても数学においても、ランダウ減衰の研究では、古くから解析性は仮定されてきました。指数関数的収束性のためには必要不可欠です。一方、この仮定はとても強いため、査読者の一人はわれわれの結果が解析性と切り離せないのではないかという懸念を示しました。この改訂版ではそうはなっていません。というのも、いくつかの *Gevrey* クラスのデータも扱えるようになったからです。

初稿の中で、われわれは「何か新しい安定化の効果が確認できないのならば、解析性よりも弱い正則性のクラスのもと、たとえば重力の相互作用によって非線形ランダウ減衰が生じるとは考えられない」と書きました。その後、そのような効果を厳密に確認しました（異なる周波数で起きたエコーは漸近的にも良く分かれている）。この結果を拡張し、前に述べた改良へと結びつけました。

この論文は、ヴラソフ–ポアソン方程式の一様な平衡解に関する新しい結果が系として含まれています。たとえば、反射のある場合のある種の非単調な分布に関する安定性（長い間の未解決問題）、そして引力のある場合のジーンズ長以下での安定性についてです。

専門家の一人は、われわれの用いる関数空間が伝統的なものではないと指摘しました。これはわれわれの「証明に使用したノルム」によるものだと思いますが、われわれの置いた仮定や結論で用いたのは、すでに他でも用いられているノルムです。あるノルムから別のノルムへの移行は定理 *4.20* の方法にしたがいます。

こうした改良点を含めるため、論文をすべて書き換え、丁寧に校正しました。さらに分量が増えないよう、主な結果と深い関係をもたない式の展開やコメントは省きました。原稿に残っている記述のほとんどは本稿の結果と方法を説明するものです。

最後に、われわれの論文の長さに関してですが、論文構成の調整については相談に応じます。論文中で用いた道具立てをモジュール

化して示すことにより、何人かのチームで査読を進めることが可能となり、査読者の負担を軽減できるとよいと考えています。

この原稿が専門家や他の人にとって満足のいくものであることを願っています。

敬具
クレマン・ムオ、セドリック・ヴィラーニ

ランダウ減衰について

クレマン・ムオ、セドリック・ヴィラーニ

概要 線形化の方法を超えたランダウ減衰の理論を作ることは,長い間の課題となっていた.本稿では,解析的正則性のもとで,指数関数的なランダウ減衰の理論を確立した.ランダウ減衰の現象を,エネルギーのやりとりではなく,力学的な変数から空間的な変数への正則性の移送と解釈すると,この現象を駆動するメカニズムは位相混合となる.本稿の解析では,新しい解析的ノルムの族を用いて自由輸送の解との比較から正則性を測り,新たな関数不等式を用い,非線形エコーを制御し,散乱の厳密な推定を行い,ニュートン法を用いている.われわれの得た結果はクーロン力またはニュートン力の相互作用のように,特異でないいかなるポテンシャルに対しても成り立つ.技術的に工夫すれば,極限をとる場合も含めることができる.副次的な結果として,ある種の仮定の下で非線形ヴラソフ方程式の一様な平衡解の安定性に関する結果を得た.本稿ではこの結果が KAM 理論と非常に類似していることを示し,その結果導かれる物理的な示唆について議論する.

内容

1. ランダウ減衰について　　4
2. 主結果　　13
3. 線形減衰　　26
4. 解析的ノルム　　36
5. 散乱の推定　　64
6. 双線型正則性と減衰の推定　　71
7. 時間的応答の制御　　82
8. 近似の方法　　114
9. 局所的時間における反復　　120
10. 大域的時間における反復　　125
11. クーロン力／ニュートン力 相互作用　　158

12. 長時間での収束	164
13. 非解析的摂動	167
14. 展開と反例	171
15. ランダウ減衰を超えて	178
付録	180
参考文献	182

キーワード ランダウ減衰；プラズマ物理；銀河動力学；ヴラソフ–ポアソン方程式

AMS 主題分類 82C99 (85A05, 82D10)

第 39 章

2010 年 1 月 7 日、サン・レミ・レ・シュヴルーズ

　起床したらすぐに電子メールを読む——寝醒めの頭に最初のソフト・ドラッグを注入するといったところだ。

　新着メールの中にまぎれて共同研究者のロラン・デヴィエットが転送してきた胸の痛むニュースがあった。共通の友人であるカルロ・チェルチニャーニが亡くなったのだ。

　チェルチニャーニの名前はボルツマンと切っても切り離せない。カルロは自分の職業人生をボルツマン本人と、ボルツマンの理論、ボルツマン方程式、そしてそれらのあらゆる応用に捧げた。ボルツマンについての参考書 3 冊を執筆したが、1975 年に出版されたものは私が生まれて初めて読んだ専門研究書だった。

　取りつかれたかのようにボルツマンにこだわっていたにもかかわらず、チェルチニャーニは並み外れて多様な研究を行った。彼の愛するボルツマン方程式を通じ、深く、あるいは浅いながらも関連する多くの数学分野を探求した。

　そして、この数カ国語に堪能で教養高い万能な男は、科学だけにとどまってはいなかった。彼の遺した作品には戯曲や編纂した詩集、ホメロスの翻訳などもある。

　私が挙げた最初の重要な成果、少なくとも私が誇れる初めての成果は「チェルチニャーニの予想」を対象にしている。当時 23 歳で、初々しい情熱にあふれていた私を、ジュゼッペ・トスカーニがパヴィアに招待してくれた。ジュゼッペはこの有名な予想の証明に使えそうなアイディアを私に話し、短期の滞在中に取り組んでみないかと勧めたのだ。数時間も経たないうちに、彼の無邪気なアイディアがうまくいくチャンスはまったくないということが私にはわかった……。だが、その過程で、私は興味深い計算——「心地よい

感じのする」計算をメモしていた。何というか、注目すべき新たな恒等式を見つけたような感じだった。そしてここから、私は新しいアイディアを放とうとしていた。数学というロケットの発射準備が整ったのである。

それから私は、ボルツマン方程式におけるエントロピー生成に関するチェルチニャーニの問題を、どのようにプラズマ物理学におけるエントロピー生成を評価する問題に還元するか、ジュゼッペに示して見せた。これは偶然、私がすでにロランと研究していたやり方であった。そしてそこに、私がまだ熱心に取り組んでいた情報理論をほんの少し付け足したのだ。信じられない偶然の巡り合わせだった。もし私がパヴィアを訪問したまさにそのときにジュゼッペが妙な色気を出さなかったら、このようなことは起こらなかっただろう！

それから二人でこの予想をほとんど解いた。のちに私は、トゥールーズで行われた学会で、興奮しながらこの結果をボルツマン方程式の指折りの専門家の前で披露した。このとき、その場にいた数多くの参加者の一人であったカルロが、私を見出してくれたのだ。彼は有頂天になっていて、それを私にも隠さなかった。そして、響き渡るような声でこう言った。「セドリック、私の予想を証明しなさい！」

私は23歳。これが私の初期の論文の一つとなった。だが5年後、私は自分の23番目の論文を書くにあたって、以前よりも多くの経験と技術をもとに、再びこの問題にとりかかろうとしていた。そしてついに、この有名な予想の証明に成功した。カルロはそのことを誇らしく思ってくれた。

カルロは、ボルツマン方程式の研究でまだ残っている最も重要で癪に障るいくつかの問題を私が解くことを期待していた。それは私の夢でもあった。だが、私は、何の予告もせずに、違う方向へ向かってしまった。まず最適輸送と幾何学へ、それからヴラソフ方程式とランダウ減衰へ。

私はいつかボルツマン方程式に戻ろうと考えている。だが、この

テーマで私が夢を実現できたとしても、カルロが自らのすべてを差し出して愛したとんでもない代物を、私が手なずけることができたと彼に知らせて喜びと誇りを感じることは、もうできないのだ。

*

　チェルチニャーニの予想は気体におけるエントロピーとその生成との関係性に関するものだ．ここでは話を簡単にするために，気体の空間非一様性はないとする．すると速度の分布のみが問題になる．そこで，平衡でない気体における速度の分布を $f(v)$ と仮定しよう．この分布はガウス分布 $\gamma(v)$ とは等しくならない．その結果，エントロピーは最大にはならない．ボルツマン方程式は，エントロピーが増加すると予想しているが，大きく増加するのだろうか，それともほんの少ししか増加しないのだろうか？

　チェルチニャーニの予想は，エントロピーの瞬間的な増加は少なくともガウス分布のエントロピーと分布のエントロピーの差に比例すると想定している．

$$\dot{S} \geq K\left[S(\gamma) - S(f)\right].$$

この予想は速度に関して，その分布が平衡状態へ収束することを示唆している．これはボルツマンが導いたあの魅惑的な不可逆性と関連があることから，基本的な問いである．

　90年代初めにロラン・デヴィエットが，そしてエリック・カーレンとマリア・カルバーリョがこの予想を研究し，部分的に結果を導いた．彼らが完全に新たな道を切り開いたにもかかわらず，完全な証明を提示するにはほど遠い状態にあった．チェルチニャーニ本人も，ロシア人サーシャ・ボビレフの協力を得て，自分の予想があまりに楽観的であり，真とはなりえないと示したのだ……おそらく極端に強い衝突，つまり，少なくとも相対速度に比例して有効断面が増すという剛体球よりも激しい相互作用を考えた場合以外にはなりえない，と．これは気体力学の専門用語でいうところの「極めて剛

体球」である場合だ.

だが, *1997年*, ジュゼッペ・トスカーニと私は, ほとんど最適な評価を提示した.

$$\dot{S} \geq K_\varepsilon \left[S(\gamma) - S(f)\right]^{1+\varepsilon},$$

式中の ε は衝突に関するいくつかの技術的な仮定のもと, 可能な限り小さな値とする.

2003年, 私は妥当な相互作用ならどのような場合でもこの結果が正しいことを示した. 特に私は, 大きな速度での衝突が非常に剛体球のタイプのものである場合, この予想は真であると証明するに至った. *1997年* にトスカーニと導き出した鍵となる恒等式は, 以下の通りである.

もし $(S_t)_{t \geq 0}$ がフォッカー–プランク方程式 $\partial_t f = \nabla_v \cdot (\nabla_v f + fv)$ と $\mathcal{E}(F, G) := (F - G) \log(F/G)$, に関連する半群であるならば,

$$\left. \frac{d}{dt} \right|_{t=0} [S_t, \mathcal{E}] = -\mathcal{J},$$

ただし, 式中 $\mathcal{J}(F, G) = \left|\nabla \log F - \nabla \log G\right|^2 (F + G).$

となる.

この恒等式は次の表現公式の鍵となっている.

$$\dot{S}(f) \geq K \int_0^{+\infty} e^{-4Nt} \int_{\mathbb{R}^{2N}} (1 + |v - v_*|^2)$$
$$\times \mathcal{J}(S_t F, S_t G) \, dv \, dv_* \, dt,$$

ここで $F(v, v_*) = f(v)f(v_*)$ であり, $G(v, v_*)$ は, (v', v'_*) が衝突前の速度 (v, v_*) に対応する衝突後の速度のすべての対を表すとしたとき, すべての積 $f(v')f(v'_*)$ の平均である. この式はチェルチニャーニの予想の解法の土台となっている.

Carlo Cercignani

カルロ・チェルチニャーニ

定理(ヴィラーニ, 2003). 速度の分布を $f = f(v)$ としてボルツマンエントロピーを $S(f) = -\int f \log f$ と表すことにする. B をある定数 $K_B > 0$ に対して $B(v - v_*, \sigma) \geq K_B(1 + |v - v_*|^2)$ を満たすボルツマン衝突核とし,これに対応するエントロピー生成汎関数を $\dot{S}$ と書き,次式で定義する.

$$\dot{S} = \frac{1}{4} \iiint \bigl(f(v')\,f(v'_*) - f(v)\,f(v_*)\bigr) \\ \times \log \frac{f'(v)\,f'(v_*)}{f(v)\,f(v_*)}\, B\, dv\, dv_*\, d\sigma.$$

$f = f(v)$ を $\mathbb{R}^N$ 上の平均が 0 で単位温度の下での確率分布とする. このとき,

$$\dot{S}(f) \geq \left(\frac{K_B\,|S^{N-1}|}{4\,(2N+1)}\right)(N - T^*(f))\,[S(\gamma) - S(f)],$$

ただし,
$$T^*(f) = \max_{e \in S^{N-1}} \int_{\mathbb{R}^N} f(v)(v \cdot e)^2 \, dv.$$

第 40 章

2010 年 2 月 16 日、パリ

　午後の終わり、アンリ・ポアンカレ研究所の広々とした私の執務室。立派な黒板を大きくしてもらい、スペースを空けようといくつか家具を処分した。それから延々と、どのようにこの執務室を模様替えしようかと考えをめぐらせた。
　まず、この圧迫感のあるエアコンは撤去してもらおう。夏は暑くて当たり前なのだから！
　壁側には大きなガラスの飾り棚を置いて、いくつか私物のオブジェを置く。それから研究所の幾何模型のコレクションの中でもめぼしいものをいくつか。
　左手には、少しいかめしいアンリ・ポアンカレの胸像を置く予定だ。孫のフランソワ・ポアンカレが持ってきてくれると約束してくれた。
　そして背後には、カトリーヌ・リベイロの大きな肖像を飾るのに大きくスペースをとった！　写真はすでにインターネット上でみつけたものを選んでいる。その写真のカトリーヌは、ナポレオン軍を前にして大きく腕を広げるゴヤの『マドリード、1805 年 5 月 3 日』の反乱者のように、あるいは宮崎駿の『風の谷のナウシカ』でペジテ軍に対峙するナウシカのように、戦い、平和、強さ、希望の印として腕を広げている。この肖像は力強さだけでなく、あきらめ、そして傷つきやすさも表している。そういう意味でも私のお気に入りだ。人間は、危うい立場に自らを置こうとしない限り、あまり進歩しないものなのだ。ちなみに、メッセージ性の強い歌手である彼女のこの肖像写真は、エドモン・ボードワンの素晴らしいバンド・デシネ *Salade niçoise*《ニース風サラダ》で再現されている。この写真に私は見守ってもらいたい。それについてはカトリーヌに直接交

渉しなければならないだろう。

いつものように今日も、いくつも面談、話し合い、会議がある。研究所の理事長からの長い電話。彼は保険経理会社の代表取締役会長兼社長で、民間企業が科学研究に関わることに熱心だ。午後には一般向けの科学雑誌のインタビューに添える写真の撮影がある。どれ一つとして負担に感じるものはない。ここ6カ月で知るようになった非常に面白い世界だ。新しい出会い、新しい関係、新しい議論……。

カメラマンが私の執務室で機材を準備し、三脚やレフ板などをセッティングしていると、電話が鳴った。私は何の気なしに受話器を取った。

「はい、もしもし」
「ハロー、セドリック・ヴィラーニさんですか?」英語だ。
「はい、私ですが」
「ブダペストにおりますラースロー・ロヴァースと申します」

その瞬間、心臓が止まるかと思った。ロヴァースは国際数学連合の会長で、つまりはフィールズ賞選考委員長でもあるからだ。そもそもこの委員会について私が知っている情報はこれだけだ。彼以外に誰が委員なのかまったく見当もつかない。

「こんにちは、ロヴァース教授。いかがお過ごしでいらっしゃいますか?」
「おかげさまで元気です。お知らせがあります。あなたにとっていいニュースですよ」
「本当ですか?」

まるで映画のようだった……。すでに4年前にウェンデリン・ウェルナーが聞いたという決まり文句を私は知っていた。でも、1年のうちのこんな早い段階で連絡なんてありえるのだろうか?

「ええ、フィールズ賞受賞おめでとうございます」
「まさか、信じられません! 今日は私の人生で最も美しい日になります。なんと申し上げればよいのでしょう?」
「とにかく喜んで受け取ればいいんですよ」

グリゴリー・ペレルマンがフィールズ賞を拒否してからというもの、委員会は心配だったのだろう。もし今回も拒否する者が出てきたら、と。だが、私はペレルマンのようなレベルにはほど遠い人間なので、気むずかしいことは言わずに受け取ることにする。
　ロヴァースは賞について話し続けた。今回、委員会が受賞者に早めに伝えることにしたのは、リークによって一報が初めてもたらされるよりも、間違いなく委員会から知らせるようにしたかったからだと。
「そしてこれは大変重要なことですが、この件については完全に内密にしてください」ロヴァースは続けた。「ご家族には言ってもかまいませんが、そこまでにしてください。同僚の方々には誰にも話さないでいただきたいのです」
　ということは、このことについて……6カ月も黙っていなければならない。ずいぶん長いな！　正確には6カ月と3日後に、世界中のテレビがこのニュースを発表することになる。それまで私はこの重い秘密を抱え、心の準備をしなければならないのだ。
　この6カ月はゆっくりと過ぎていくだろう。その間、受賞者が誰だろうと早々と噂が立つだろうが、私は口を固く閉ざすことになる。リヨンでの同僚のミシェール・シャツマンがよく引用する中国の賢人の言葉"知るものは言わず、言うものは知らず"をこの先思い出すことだろう。
　ロヴァースから電話をもらうまで、私が賞を取る確率は40％ぐらいだろうと思っていた。その確率が今では99％までに上がったのだ！　だがまだ100％ではない。実際、「悪ふざけ」の可能性もあるからだ。たとえば、ランダウが友達と一緒に、いけ好かないと思っていた同僚に一杯食わせようとしたように。連中は卑劣にも、同僚に偽のスウェーデン王立アカデミーからの電報を送りつけた。
「おめでとうございます。あなたはノーベル賞を受賞しました云々」と書かれた電報を。
　だから手放しでは喜ばないほうがいいぞ、セドリック。電話の向こうにいたのが確かにロヴァースかどうかわからないじゃないか。

まずはメールで確実な知らせをもらわない限りは、心から喜ばないほうがいい！

　ああ、そうか、内密の話だったか……。ところで、執務室にいるカメラマンは!?

　見たところ、彼は何も聞いていなかったようだ。英語がわからないに違いない。そうだといいが。撮影が始まった。研究所の前で1枚、アンリ・ポアンカレ賞のトロフィーとともに1枚……。

「これで記事に必要な写真はすべて撮れたと思います。ばっちりです。ところでお伺いしたかったのですが、もしかしてこの記事には、あなたがこれから何か賞を受賞するということが記載される予定なのですか？」

「え？　フィールズ賞のことを言ってるんですか？　記者は予想を始めてますけど、これって時間をかけて決定するものなんですよ。授賞が行われる会議は8月ですから」

「そうですか、わかりました。自信はおありですか？」

「いや、そんなことを予想するなんて難しいです……誰にもわかりゃしませんよ！」

*

　第一次世界大戦後、分裂し、ベルサイユ条約がとても重くのしかかっていたヨーロッパでは、民族間に深まった亀裂を修復しなければならなかった。社会で実際に起きている問題は、科学にとっても同様だった。体制を立て直さなければならないのだ。

　フランスでは、数学者でもあった政治家のエミール・ボレルがアンリ・ポアンカレ研究所の計画を実現させた一方で、カナダでは、国際数学連合の影響力をもつ会員であった数学者ジョン・チャールズ・フィールズが数学者のための賞を作ろうと思いついた。ノーベル賞のように偉大なる研究成果に敬意を払うのと同時に、才能ある若者を激励するための褒賞である。メダルに加えて、わずかだが報奨金も授与される。

フィールズはその計画を実現させるための資金を得ると、カナダ人彫刻家にメダル用の挿絵を作らせ、ラテン語の銘文を選んだ。ラテン語にしたのは、それが普遍的な言語であり、数学の普遍性を表しているからだ。

　メダルの表にはアルキメデスの横顔と *TRANSIRE SUUM PECTUS MUNDOQUE POTIRI*（己より上を目指して立ち上がり、世界を征服する）という銘文がある。

　裏には、月桂樹の葉、それから球と円柱の体積に関するアルキメデスの定理を表すイラストがある。そして *CONGREGATI EX TOTO ORBE MATHEMATICI OB SCRIPTA INSIGNIA TRIBUERE*（世界中から一堂に会す数学者たちにより、たぐいまれな貢献に対して報奨が与えられた）と刻まれている。

　メダルの縁には受賞者の名前と受賞年が刻まれている。

　正真正銘の純金製だ。

　フィールズは生前、この賞に自分の名前をつけることを望まなかったが、彼が亡くなると、フィールズ賞という名称で知られるようになった。1936年に第1回目の賞が授与され、1950年からは4年おきになった。今日5000名も集めるイベントとなった数学界の大きな会合、国際数学者会議で授賞式が行われる。開催地は毎回違う場所だ。

　エールを送るための賞にしたいというフィールズの遺志を尊重して、この賞は40歳未満の研究者に与えられる。年齢の計算方法に関する決まりは2006年に厳格になった。会議が開かれる年の1月1日時点で40歳以下の人が対象となる。受賞者の数はそれぞれの回によって二人から四人だ。

　選考委員による決定については箝口令が敷かれている。それによって、マスコミも慎重に発表の準備ができるのだ。こうして、フィールズ賞の授与は数学界において比類なき反響を呼ぶ。メダルは会議が開催される国の元首によって与えられることが多く、そのニュースは瞬く間に世界中を駆け巡るのだ。

第41章

2010年5月6日、RER B線

　パリの公共交通網の中で、RERはいろいろな意味で特筆すべきである。私が普段利用しているRER B線については、毎日、いやほぼ毎日動かなくなるといっても過言ではないし、夜中の12時、1時まで混み合っているのはしょっちゅうだ（公平でなければならないとすれば、この電車には長所もある。たとえば、利用者が定期的に体を動かせるように、目的地に行く途中、違う車両に乗り換えさせてくれることも多い。それに、到着時刻と停車駅はどうなるのだろうと利用者に緊張感を維持させて、頭の回転が早くなるよう気を配ってくれる）。

　だが今朝は、とてもとても早い時間に乗車したので、車両はがらがらだ。私はカイロで行われたシンポジウムから帰宅する途中なのだ。

　カイロへの往路はぜいたくだった。会ったこともないようなキュートな女の子が機内で隣に座っていたのだ。兄妹のようにイヤホンを片方ずつ分け合って、一緒に私のノートパソコンで映画を観た（相変わらずエコノミークラスで移動しているが、統計的にこちらのほうが女の子はかわいいといえる）。

　復路はあらゆる点においてそれほどグラマラスではなかった。とりわけ、シャルル・ド・ゴール空港に着いたのが22時をまわっており、これ以上ないほど厄介なことに引きずりこまれる羽目になった（ド・ゴール空港に22時以降に到着する飛行機のチケットは決して買わないことだ）。パリに戻るRERに乗るにはもう間に合わない時間だったが、そうかといって、ここであきらめてタクシーに乗りたくなかった。だから、リムジンバスを待ったのである……。最初に来たバスは私がいる停留所に来る前にもう満員、次に来たバ

スも乗客でいっぱいだ。3番目に来たバスは……他の乗客のように、運転手の命令を無視すれば、乗ることもできたかもしれない。結局、パリに着いたのは午前2時だった。幸運にも、パリで私が以前住んでいたアパルトマンが空いていて、数時間だけそこに寝かせてもらうことができた。そして帰宅すべくパリの南の郊外へと再び移動した。

いつもの通り電波の具合が悪いので、ダウンロードしておいたメールをRERでチェックする。こんなにたくさんのメールが来ている……。だが、ロヴァースから2月に電話をもらい、数日後にフィールズ賞受賞が事実だと確認できる連絡が来て以来、肩にのしかかっていたプレッシャーを以前ほどは感じなくなりつつあった。一気に軽減されたわけではない。あの追い立てられている感覚が完全に消えるには数カ月かかるだろう。そして3カ月半後に、私は違う種類のプレッシャーに対峙しなければならなくなる。それまでの間、このリラックスした感覚を堪能しておかなければ。

リヨン第1大学への人事異動で、私だけは1928番職〔訳注：数学教授職を示す番号〕のまま変わらないことになったという連絡が来た。いいニュースだ。いずれにしても1928という数字は私にとって幸運しかもたらさない。たとえばポアンカレ研究所の設立年は1928年だ！　そして、リヨン第1大学への異動があっても、リヨンでの科学的拠点をそのまま保つことができ、しかも教師が少ないリヨン高等師範学校での私の籍がなくなることもないという。

物乞いの女性が数少ない乗客にダメ元で話しかけている。しゃがれた声で私にも話しかけてくる。
「あんた、そんな大きな鞄持って、ヴァカンスから帰ってきたのかい？」
「ヴァカンス？　とんでもない！　私が最後に休暇を取ったのはクリスマスですよ……。そして次の休暇もまだまだ先です」
「どこから帰ってきたんだね？」
「カイロですよ。エジプトの。仕事でね」
「いいじゃない！　何の仕事してんの？」

「数学ですよ」
「おや、そう。いいわ、じゃあね、これからも勉強頑張んなよ!」
　私の口元が緩んだ。まだ学生だと思われるなんて、うれしいことこの上ない。だが実際、彼女は正しいのだ。私は相変わらず学生だ……そしておそらく生きている限りずっと。

*

　今日、私は飛行機に乗り、飛行機の中や周りで起こっているあらゆる電気的、電子的、電磁気的、航空力学的、力学的現象を感じようと5分間「楽しみました」。これら別々の小さな現象が全体を作りだし、それが機能するのです!　私たちの身の回りに起きていることを意識するって素敵です!
　でも残念ながら、飛行機を操縦しているときって、5分以上もこんなこと考えてられないものなんですけどね。
　では、ごきげんよう。

　　　(2010年9月9日に見知らぬ人から届いたメールの抜粋)

第 42 章

2010 年 6 月 8 日、サン・ルイ・アン・イル教会

　私は、差し出された振り香炉を少しそっけなく突き返した。黒い服を身にまとい、哀悼の意を示すために黒いアスコットタイを締め、希望の光を示すためにその裏には緑のクモをつけた私は、巨大な丸天井の下で棺に向かって進み、その棺に手を触れ、うやうやしく頭を垂れた。その数センチ先には、20 世紀後半における確率論の父親のような存在であったポール・マリアヴァンの亡骸が横たわっている。かの有名な「マリアヴァン解析」の提唱者で、確率論、幾何学、解析学の間の融和に誰よりも貢献した。私の最適輸送に関する業績はこうした融和の一部を成している。だから「マリアヴァンの中にヴィラーニがある」と、私は機会あるごとに好んで繰り返してきた。

　マリアヴァンは複雑で魅力的だった。ずば抜けた頭脳の持ち主で、保守的でありながらも、因習にとらわれなかった。私が数学者として歩み出してからずっと見守り、激励し、進むべき道を示してくれた。また、1966 年に二人のアメリカ人研究者とともに創刊し、まるで子どものように愛しんでいた論文誌 *Journal of Functional Analysis* の編集長という重要な役目をこの私に託してくれたのだ。

　52 歳の年齢差にもかかわらず私たちは友となった。彼と私は数学における嗜好が似ており、互いに尊敬の念を抱いていたと思う。やりとりするときは決して「親愛なる友へ(シェール・アミ)」という書き出しを崩すことはなかったが、それは単なる社交辞令ではなく、実際、この言葉通りの間柄だったからだ。

　ある日、私たちは二人ともチュニジアでの会議に参加していた。マリアヴァンは当時すでに 78 歳だったが、まだとても精力的に活動していた。総括をする段になり、司会をしていた私は、マリア

ヴァンの業績が与えた影響は非常に大きいということに少し触れた。彼のことを「生きる伝説」とまで形容したかどうかはもう覚えていないが、そのようなことを話したのだ。マリアヴァンは公の場で注目を浴びる羽目になって少し面食らっていたように見えたが、のちに、とてもやさしく何食わぬ顔でこう言いに来たことがあった。
「なあ、伝説の存在はややお疲れ気味さ」

だが、口でなんと言おうが、ポール・マリアヴァンは死ぬまで気を緩めることはなかった。いみじくも彼の義理の息子が語ったとおり「最後の1分まで数学に取り組んでいた」のである。そして同じ日にウラジーミル・アーノルドも亡くなった。マリアヴァンとはスタイルこそまったく違っていたが、20世紀の数学界におけるもう一人の大物であった。

ポール・マリアヴァン

彼がいなくなっても前に進み続けなければならない。親愛なる友よ、私に任せてください。*Journal of Functional Analysis* も守っていきます。

それから……私が内密にもらったあの2月の電話について、あな

たにお話しできたら本当に誇らしく思えたことでしょう。あなたのことですから、きっと喜んでくださっただろうと思います。

　葬儀が終わったらすぐに、走ってアンリ・ポアンカレ研究所に戻らなければならない。今日は、クレイ数学研究所と共催中である、グリゴリー・ペレルマンによるポアンカレ予想の解決をたたえる大きなシンポジウムの最終日だ。私は、一言二言締めの言葉のようなものを言うために、最後の発表が終わるときにはその場にいなければならない。遅刻するリスクをすべて回避するためには、サン・ルイ島から5区のど真ん中まで全速力でパリの通りを駆け抜けなければならないのだ。もし《ムッシュー・ポール》が、スーツの下は汗だくなまま、真っ赤な顔で蒸気機関車のようにぜいぜいしている私を見たら、きっと口元を緩めただろう。いかん、棺の前で一礼してきたかどうか記憶にない。ともかく「気持ち」がこもっていたのだからいいだろう。大事なのはそこなのだから。

Grigori Perelman

グリゴリー・ペレルマン

20世紀への転換期、アンリ・ポアンカレはまったく新しい数学の分野を発展させていた。微分位相幾何学である。その目的は私たちの身の回りにある形を、ゆがみは別として、分類することだった。

　環状のものを変形させていくとティーカップの形にはなるが、決して球体にはならない。ティーカップには穴（ループ）があるが、球体にはそれがないからだ。一般的に、表面（ある小さな領域の中の一点が緯度・経度のような二つの座標によって特定できるような形のこと）を理解するには、ループの数を数えるだけでよい。

　だが、私たちが住む宇宙は3次元の空間である。そのような物体を分類する場合、ループの数を数えるだけで十分だろうか？　これこそがポアンカレが、1904年に投げかけた疑問である。彼は、連続して発表した六つの圧倒的な論文の中で、ある程度無秩序ではあったが、反論の余地のない天才的ひらめきをもって、生まれたばかりの位相幾何学の基礎について述べた。そしてポアンカレは、3次元で有限の大きさ（たとえば閉じた宇宙）をもつならば、ループがないすべての形は同じかどうか疑問に思った。こうした形の一つは完全にわかっていた。3次元球面、すなわち4次元空間の中で三つの座標をもつ球面である。専門用語を使うと、ポアンカレ予想というのはこのように表現される。

「滑らかでコンパクトかつ端がなく、単連結な3次元多様体は、3次元球面と微分同相である」

　このもっともらしい一文は正しいのだろうか？　ポアンカレはこの問いを立てると、つくづく感心してしまうような言葉で締めくくった。フェルマーの有名な「この余白は狭すぎる」に匹敵する結びだ。「だが、この問いはわれわれを遙か彼方に連れて行くだろう」
"そして時代が流れ、さらに流れていった……"〔訳注：カトリーヌ・リベイロの歌 *L'Oiseau devant la porte*《扉の前の鳥》の歌詞の一節〕

　ポアンカレ予想は20世紀を通じて、幾何学で最も有名な謎となった。この問いに関する部分的な進歩だけでも少なくとも三つのフィールズ賞の対象になった。

　決定的な一歩を踏み出したのはウィリアム・サーストンだった。

夢想的幾何学者と言われるサーストンは、3次元のあらゆる形状全体——つまり存在する可能性のあるあらゆる世界について並々ならぬ直観をもっていた。彼は、3次元のこれらの形状に対して一種の動物学的な分類、いわばタクソノミ的な分類を提案した。この分類法が見事だったために、懐疑的な人々までもが賛意を表明し、ポアンカレにいまだに疑いを抱いていた人々も、これほどまでに美しい見方を前に、真であるに違いないとひれふしたのである。これがサーストン・プログラムである。ポアンカレ予想を包括するものであったが、サーストン自身、その一部しか探究することができなかった。

2000年になると、クレイ数学研究所は、当然のことながら、ポアンカレ予想を七つの懸賞付問題の一つに選んだ。懸賞金は問題一つにつき100万ドル。当時、この有名な問題はさらに100年間謎のままであるかもしれないと考えられた！

ところが2002年に入るとすぐに、ロシア人数学者グリゴリー・ペレルマンがこのポアンカレ予想の解を発表し、数学界をあっと言わせた。なんと、彼は7年もの間、人目を忍びながらこの研究をしていたという!!

1966年、レニングラード——現在のサンクト・ペテルブルクに生まれたペレルマンは、母親と数学クラブから数学熱を受け継いだ。母親は才能ある科学者で、アンドレイ・コルモゴロフが率いる卓越したロシア数学学派に属していた。一方、数学クラブでは、熱意ある教師が彼を国際数学オリンピックに参加させるべく指導した。その後、ペレルマンは、アレクサンドロフ、ブラゴ、グロモフといった20世紀屈指の幾何学者の指導のもとで研究に励むことになる。数年で彼は正曲率をもつ特異空間に関する理論研究のリーダーとなっていた。「ソウル予想」を証明したことによって、彼の名前は広く知られるようになり、輝かしいキャリアが約束されたかのように見えた……。にもかかわらず、彼は行方知れずになったのである！

1995年以降、ペレルマンの消息は完全に途絶えた。だが、彼は

研究をやめるどころか、リチャード・S・ハミルトンのリッチフローの理論に取り組んでいた。これは、熱方程式によって温度が広がるのと同じように曲率を広げ、幾何学的な対象を連続的に変形させる方法である。ハミルトンには、ポアンカレ予想を証明するのに自分の方程式を使いたいという野心があったが、何年もの間、技術上の大きな問題につまずいており、その道筋には見込みがないとみられていた。

　それも 2002 年に、ペレルマンが何人かのアメリカ人の僚友にあの電子メールを送るまでのことだった。ポアンカレ予想、そして実際にはサーストン・プログラムの大部分を「証明する雑多な下書き」を独自の方法でざっと書いた原稿をインターネット上で公開したと、わずか数行のメッセージで知らせてきたのである。

　ペレルマンは、理論物理学にヒントを得て、ボルツマンのエントロピーに似ているという理由から、ある量をエントロピーと呼び、リッチフローによって幾何学的形状を変形すると、その量が減少することを証明した。この独創的な発見のおかげで、そしておそらく私たちにはまだそのすべては理解できない深い洞察から、リッチフローが振る舞うままにまかせても決して発散は起こらない、つまり手におえない特異点が生じるまでには至らない、と証明することに成功したのである。あるいは次のように言い換えられるかもしれない。もし特異点が生じるならば、その性質を記述し、制御することも可能である、と。

　そこでペレルマンは米国に戻り、研究成果についていくつか発表をした。参加者は、その問題をペレルマンがいかに深く理解しているかを知って感心した。ペレルマンは、メディア攻勢にいらだち、同様に、数学界が彼の証明をなかなか消化できないことに我慢がならなかった。自分抜きで論文の有効性を確かめてもらってかまわないとばかりにサンクト・ペテルブルクに帰ってしまったのだ。さまざまなチームがペレルマンの証明を再現し、どんなに些細な点についても補完するには 4 年以上かかるだろう！

　この証明にかけられている賞金の大きさもさることながら、ペレ

ルマンが手を引いてしまったことによって、数学界はいまだかつてない状況に追い込まれた。誰が証明したとみなされるのか、その資格について論争がわき起こり、緊張が高まったのだ。それでもともかく数学者たちは、最終的にはペレルマンが壮大なサーストンの幾何化予想と、それに伴いポアンカレ予想も確かに証明したと確信できた。ここ数十年を振り返っても、この快挙に相当するものはなく、おそらくあるとしたら、*90 年代にアンドリュー・ワイルズがフェルマーの最終定理を証明したことぐらいだろう。

こうしてペレルマンには褒賞が降り注いだ。*2006 年*にはフィールズ賞、それからその年の最も重要な科学の進歩に貢献したという賞も得た。後者は数学者にはまず与えられることのない賞であった。*2010 年*にはクレイ研究所のミレニアム賞も続いた。ふんだんな懸賞金が初めて授与されることになったのだ。ところが、ペレルマンは次々にこれらの褒賞を拒否した。

世界中の数多くの記者が、ランドン・クレイ氏によって与えられる *100 万ドル*を彼が拒否したことについて、狂気の数学者というテーマで我先に記事を書き立て、話を膨らませた。だが、彼らは間違っている。それには疑問の余地はない。ペレルマンの場合、何が人並み外れていたかというと、それは金や名誉を受けることを拒否したことでもなければ、エキセントリックな性格でもなく——そのような例はこれまで他にもいろいろとあった——彼の気概の強さと洞察力の並々ならぬ深さだ。これは、*20 世紀*の数学の謎を攻略するために、*7 年*もの間、孤独に耐えながら勇気を振り絞って研究をやりきる上で不可欠のものだった。

2010 年 6 月、クレイ研究所とアンリ・ポアンカレ研究所は、共同でこの偉業をたたえるシンポジウムをパリで催した。それから *15 カ月後*、両研究所は、ペレルマンが拒否した賞金がポアンカレ研究所を拠点にするきわめて特別な「職席」を設けるために用いられると発表した。この「ポアンカレ席(*Poincaré Chair*)」は、際立って将来性が見込める若手の数学者を、講義を担当しなければならないとか、居住しなければならないといった義務を負わせること

なく、自らの才能を伸ばせるような理想的な条件で受け入れるためのものである。まさしく、ペレルマン自身がかつて、バークレーのミラー研究所で享受した待遇のおかげで才能を開花させたのと同じものを目指しているのだ。

第 43 章

2010 年 8 月 19 日、ハイデラバード

　私の名前が大きな会場に響きわたる。そして、写真家のピエール・マラヴァルが撮ってくれた、深紅のアスコットタイや紫色に塗られた白グモのブローチをつけた私の写真が巨大なスクリーンに映し出される。昨夜からずっと、私はまんじりともしなかったが、こんなに目が冴えているのは生まれて初めてのような気がする。私の数学者としてのキャリアで最も重要な瞬間だ。数学者が夢見る瞬間、夢見ていたと言うことすらおこがましい瞬間がやってきたのだ。マラヴァルが撮影した《1000 人の研究者》に 333 番として登場する少々無名の科学者が、大きな脚光を浴びようとしている〔訳注：マラヴァルは、何らかの共通点をもつ 1000 人の肖像写真を展示する作品を多く発表している〕。

　私は立ち上がると演壇のほうへ向かう。「フィールズ賞はセドリック・ヴィラーニに贈られます。非線形ランダウ減衰とボルツマン方程式の平衡状態への収束に関する証明による受賞です」と読み上げる声が響く。

　遅すぎることも速すぎることもないように階段を上がり、インド大統領がいる演壇の中央へと進む。小柄であるにもかかわらず威厳を感じさせる女性であることは、周りにいる人々の態度を見ても明らかだ。大統領の前で立ち止まると、彼女は軽く会釈したので、私もそれに応えてはるかに深々と頭を下げた。「ナマステ」と。

　大統領からメダルを受け取ると、私は、上半身を妙な形に傾けながら、客席にいる人々に向かって掲げた。彼らにもインド元首にも背中を向けることにならないよう、どちらに対しても 45 度の角度を保つように心がけた。

　3000 人ほどいただろうか、2010 年国際数学者会議の会場となった高級ホテルに隣接する大会議場に集まった人々が喝采しながら

私を迎えている。18 年前、高等師範学校の創立 200 周年記念パーティーの冒頭で私がスピーチをしたときに拍手してくれた人はいったい何人いただろう。1000 人ぐらいいただろうか？　あの頃がなつかしい……。主催側の運営ミスでそのときの私の様子を見られなかった父は、とてもがっかりしていた。メダルを受け取ること自体、一大事であったが、いまやカメラマンの一団が押し寄せて雨あられのように撮影しまくることに比べると、たいしたことではなかったと思える。まるでカンヌ映画祭のようだ……。

私はしっかりメダルを持ち直すと、もう一度大統領にお辞儀をし、後ろに 3 歩下がり、くるりと後ろを向いて壁のほうへ向かった。昨晩、会議の主催者たちと長々とリハーサルしたほぼそのとおりに。

まあ上出来だろう。一番手で受賞して緊張してしまったのか、ありとあらゆる儀礼上の約束事を反故にしてしまったエロン・リンデンシュトラウスよりはうまく切り抜けることができた。彼の出番が終わったとき、もう一人の受賞者のスタニスラフ・スミルノフが私にこうささやいたほどだった。「僕たちがあれよりひどくなることはないよ」

カメラ攻勢でほとんど動けなくなってからは何が起こっているのかわからなくなった。今度は、デジタルカメラ、デジタルビデオカメラなどの録音録画機器といった、押し寄せるデジタル機器の前で賞品を見せることになり、続いて記者会見……。

授賞式会場ではパソコンも携帯電話も持ち込み不可だった。まもなく私の受信箱にはお祝いのメールが 300 通は届き、その数はどんどん増えていくだろう。同僚、友人、顔見知り、10 年、20 年、いや 30 年来会っていない昔の知り合い、まったく知らない人たち、しまいには小学生の頃の同級生からメールが届くことになるのだ……。しんみりするメールもある。御祝いのメッセージの 1 通で、若い頃の友人が数年前に亡くなったことがわかった。そう、人生とは、喜びとつらさに満ちていて、両者は解きほぐせないほどもつれあっているものなのだ。

メディアを通じてフランス大統領からも公式の祝辞が届いた。下

馬評通り、ゴ・バオ・チャウもフィールズ賞を手にしたが、フランス人二人が受賞するという快挙が、国としてどれほど誇らしいことかを実感するにはもう少し時間がかかりそうだ。その上イヴ・メイエも、これまでの功績が認められて今回ガウス賞受賞という名誉を得たのだ。これをきっかけにフランス人は、自国がすでに4世紀も前から国際的な数学研究のトップレベルにあったことを再認識するだろう。本日2010年8月19日をもって、フランスはフィールズ賞受賞者全53名のうち11名を輩出したことになる！

会議に来ていたクレマンも、もちろん晴れやかな顔をしていた。彼がリヨン高等師範学校の私の仕事部屋に初めてやってきて、学位論文のテーマを何にすべきか相談してからまだ10年も経っていないとは……。あれが彼にとっても、私にとっても幸運への転機だった。

私は人混みを抜けて、ホテルの自室へ戻った。インドらしい特徴は何もないさっぱりとした部屋だ。これならティエラ・デル・フエゴでも快適だろう！　だが、私はここに自分の義務を果たしに来ているのだ。

それから4時間ぶっ続けで私は、部屋の固定電話と携帯電話を巧みに持ち替えながら記者たちからの電話インタビューに答える。ようやく一段落して、すぐさま留守番電話をチェックすると、新しい伝言が延々と吹き込まれていて際限がない。個人的な質問、科学に関する質問、制度に関する質問……だが、結局どの質問も最終的にはほとんど同じものになる。「この賞を受賞したことによって、何が変わると思いますか？」

空腹を抱え、少し青ざめた顔をしながら、私はやっと部屋から出る。まだ人だかりが見える。まずはスパイスをかなり利かせたマサラティーをいれてもらって飲むと、私はその一団のほうへ向かう。若者たちが群れをなして私のほうへ押し寄せてくる。もちろんインド人が多い。100回以上もサインをし、半ば呆然としながら数え切れないほどのカメラに収まるためにポーズをとった。

他の受賞者たちとは違って、私は独りでここに来ていた。妻も子

どももフランスに残っているので、この騒ぎからは逃れている。そのほうがいい！　それに私は言われたことを律儀に守ったのだ。妻以外の誰にもフィールズ賞については口外しなかった。両親にすら話さなかったので、彼らはメディアを通じて知ることになるだろう。

　ところで……カトリーヌ・リベイロが私の自宅にきれいなバラの花束を贈ってくれたそうだ！

　ハイデラバードで、にわか仕立てのカメラマンの群れのために私がポーズを取っている間、遠くリヨンでは、僚友のミシェール・シャツマンが息を引き取ろうとしていたなどとは、そのときは思いもよらなかった。フランスの偉大な天文学者エヴリー・シャツマンを父親にもつミシェールは、私がこれまで出会った中でも最も個性的な女性数学者だった。教育分野に熱心で、克服できるとは思えないようなことにいつでも挑戦し、たとえば代数と数値解析との境界分野など、彼女以外誰も関心をもとうとしない結びつきを研究しようとしていた。《フロンティエール》は、ミシェールが手際よくまとめた、マニフェストのような研究計画の名前だ。彼女とは、私が2000年にリヨンに来て以来ずっと友人だった。一緒に同じセミナーに行き、リヨン大学にあちらこちらの素晴らしい数学者を引っ張ってこようと密かに計画したのも一度ではない。

　ミシェールは歯に衣着せぬ物言いをする人で、しゃれにならないほどきついジョークを言ってひんしゅくを買うという点においては彼女の右に出る人はいなかった。5年以上前に末期がんであることが発覚し、化学療法から手術までさまざまな治療を受けることになった。目をきらきらさせながら、私たちに「シャンプー代を節約するようになってからの人生がいかに尊いか」をよく説明してくれたものだ。私たちは数ヵ月前、リヨンで彼女の60歳の誕生日を数学でお祝いすることにした。各方面から来てもらった講演者の中に、多才なウリエル・フリッシュもいた。世界的に知られた物理学者で、ミシェールの父親のかつての教え子である。そして、彼の精神を受け継いだ息子たちの精神を受け継いだ孫として、私もその場にいた。ミシェールはランダウ減衰に関する私の発表と、ウリエルが言及し

Michelle Schatzman
ミシェール・シャツマン

た「虎」の間の関係性を鋭く指摘した。さすがだ！

だがここ数週間、彼女の容態は急に悪化していた。病を患っても、生涯を通じてずっとそうだったように誇り高く毅然としていたミシェールは、常に意識をはっきりさせておきたいという理由で、痛み止めのモルヒネを拒否したという。死の床にありながらも発表を待ちわびていたフィールズ賞の結果を知った数時間後に、彼女は息を引き取った。そう、人生とは、喜びとつらさに満ちていて、両者は解きほぐせないほどもつれあっているものなのだ。

*

2010年8月19日、インドにて

今朝からハイデラバードの大きなホテルは世界で最も数学者が集中する場所になっている。五大陸からやってきた数学者たちは皆、自分自身の数学の能力を持ち寄ってきたのだ。解析、代数、幾何、確率、統計、偏微分方程式はもとより、幾何代数や代数幾何、ハー

ドロジックやソフトロジック、計量幾何学や超計量幾何学、調和解析や調和の取れた解析、数の確率論や影の確率論等々の分野に携わる人々、それから（数理）モデルの発見者やスーパーモデルの発見者、経済理論やマイクロ経済理論の発案者、スーパーコンピュータや遺伝的アルゴリズムの考案者、画像処理の研究者やバナッハ空間の幾何学の研究者もやってくる。そして夏季の数学、秋季の数学、冬季の数学、春季の数学講座や他にもあと*1000*種類もの分野を専門とする人々が、シヴァ王の数学の*1000*本の腕となるのだ。

　その中でも*4*名のフィールズ賞受賞者、それからガウス賞、ネヴァンリンナ賞、そして陳省身賞の受賞者が次から次へとシヴァ王へのお供えとして捧げられる。女大祭司であるインド大統領が、恐れおののく*7*人の数学者たちを、喝采する群衆に差し出す。

　国際数学者会議という一大祭りの始まりだ。これから*2*週間続くこの祭りは、発表、討論会、レセプション、カクテルパーティー、インタビュー、写真撮影、代表団、楽しく踊って笑う夜のイベント、豪華なタクシーやロマンチックなリクシャー（訳注：三輪タクシー）に乗っての観光など盛りだくさんだ。ここでは、数学の統一性や多様性を、いつも流動的なその幾何学を、研究を完成させた喜びを、新たな発見を前にした驚嘆を、未知のものを前にした夢を祝う。

　この祭りが終わってしまえば、数学者たちは皆、大学や研究機関、企業、あるいは家に戻り、それぞれが自分のやり方で数学の探索という大きな冒険を再び始める。そうして自らの論理性とハードワークだけでなく想像力や情熱をも武器にして、皆そろって人類の知識の境界をさらに押し広げていくのだ。

　彼らはすでに*4*年後に開かれる次の国際数学者会議に思いをはせている。聖なる虎の住処、韓国で行われるこの会議で称えられるのはどのテーマになるのか？　次の人身御供は誰になるのか？

　そのときが来たら、何千人もの数学者たちが長老の虎に敬意を払いにやってくるだろう。そしてそのうねった形状の幾何を探索し、その仮借のない対称性を公理化し、じっとしていない確率を検定し、縞模様の反応拡散部分を解析し、ひげに微分という外科処理をほど

こし、鋭い爪の曲率を評価し、量子ポテンシャルの井戸を与え、振動するひげとひもの崇高な理論をたしなむ。数日間、支配者たる虎は鼻の先からしっぽまで数学者になるのだ。

フランス高等科学研究所（*IHES*）が発行した *Les Déchiffreurs*
《解読者たち》〔訳注：日本語版はジャン＝フランソワ・ダース、アニック・レーヌ、アンヌ・パピョー著、高橋礼司訳『謎を解く人々』丸善出版、2012 年〕
の韓国語版によせた私の文

*

バーガース方程式とオイラー方程式のガラーキン切断した解に現れる虎（模様）　講演： ウリエル・フリッシュ（*1* 時間）

閾値 k_g より大きい波数の空間フーリエモードをすべてゼロとするガラーキン切断のもとで非粘性流体方程式の解を求めると，予想外の性質が現れることを示す．本研究では，非粘性流体方程式として *1* 次元非粘性バーガース方程式と *2* 次元非圧縮オイラー方程式を対象とした．十分大きい閾値 k_g の場合に滑らかな初期条件から出発すると，有限モードで切断したことの最初の兆候は，空間的に局在した短波長の振動として現れる．この振動を「虎（模様）」と呼ぶことにする．この虎（模様）が生じる原因は，流体粒子の運動と，流体場の小スケールに存在する特徴的な構造（衝撃波，非常に大きい渦度勾配をもつ層状構造等）が生成する切断波との間の共鳴相互作用である．この虎（模様）が出現する時刻は，複素特異性（点）が実空間に対してガラーキン切断波長 $\lambda_g = 2\pi/k_g$ 以下の距離に接近したときである．また，虎（模様）が出現する場所は，虎（模様）の出現以前に流れ場に存在していた小スケールの特徴的構造からは離れた場所であるのが普通であるが，しかし虎（模様）出現場所の速度は特徴的構造の速度とほぼ同じ値になっている．出現直後は，虎（模様）は弱くて局在の度合いも強い——バーガース

方程式の場合には，最初の衝撃波形成時刻において虎（模様）の振幅と幅はそれぞれ $k_g^{-2/3}$，$k_g^{-1/3}$ に比例している——しかし，時間がたつにつれて成長し，いずれ流れ場全体に蔓延する．したがって，虎（模様）は熱平衡解，これは *1952* 年に *T.D. Lee* がガラーキン切断下での非粘性流体方程式解として予言したもの，に向かう際に最初に現れる兆候であるといえる．突然の散逸異常——粘性率をゼロにする極限で，有限時間のうちに粘性散逸率がゼロにならずに有限値にとどまること——はバーガース方程式の場合は良く知られており，*3* 次元オイラー方程式については時に予想されているが，ガラーキン切断系では，この突然の散逸異常に対応することが実際に生じている．つまり，切断波数についての極限 $k_g \to \infty$ をとっても虎（模様）には有限のエネルギーを蓄えることができるため散逸率に対応する量が有限値になる．この結果として，レイノルズ応力がガラーキン波長より大きいスケールに働くようになり，ガラーキン切断による近似流れが非粘性解へ収束することを妨げるようになる．虎を退治することで，有限モードでのガラーキン切断解を正しい非粘性解に回復させる方法についても幾つかの示唆が得られている．

（ウリエル・フリッシュが国際会議で発表したサムリディ・サンカー・レイ、ウリエル・フリッシュ、セルゲイ・ナザレンコ、松本剛による論文の要旨、松本剛訳）

*

虎（ウィリアム・ブレイク、*1794* 年）

虎よ！　虎よ！　あかあかと燃える
闇くろぐろの　夜の森に
どんな不死の手　または目が
おまえの怖ろしい均整を　つくり得たか？

どこの遠い海 または空に
おまえの目の その火は燃えていたか？
どんな翼に乗って 神は天(あま)がけったか？
その火をあえて捕えた手は どんな手か？

またどんな肩 どんな技(わざ)が
おまえの心臓の筋を ねじり得たか？
またおまえの心臓が うち始めたとき
どんな恐ろしい手が おまえの恐ろしい足を形作ったか？

槌(つち)はどんな槌？　鎖はどんな鎖？
どんな釜に おまえの脳髄は入れられたか？
鉄床(かなどこ)はどんな鉄床？　どんな恐ろしい手力が
その死を致す恐怖を むずとつかんだか？

星空がその光の槍を投げおろし
涙で空をうるおしたとき
神は創造のおまえを見て にっこりされたか？
仔羊を創った神が おまえを創られたか？

虎よ！　虎よ！　あかあかと燃える
闇くろぐろの 夜の森に
どんな不死の手 または目が
おまえの怖ろしい均整を あえてつくったか？

　　　　　　　　ウィリアム・ブレイク著 寿岳文章訳
　　　　　　　　『無心の歌、有心の歌　ブレイク詩集』

　　　　　　　　　　　　　　　角川文庫、*1999*年

第44章

  2010年11月17日、サン・レミ・レ・シュヴルーズ

　秋になった。すべてが金色に、赤に、そして黒に変わる。黄金色の葉、赤い葉、黒いカラスがトム・ウェイツの11月の歌のように輝いている。

　おなじみの愛すべきRER B線の駅を降りると、私は夜道を進んでいく。

　なんと充実した3カ月間だったのだろう！

　サイン。

　新聞。

　ラジオ。

　テレビ番組。

　映画撮影。

　フランク・デュボスク〔訳注：フランスの人気コメディアン〕と二人でカナルプリュス〔訳注：フランスの有料テレビ放送〕でスタジオ生出演もした……。あんな「茶番劇」に好きこのんで出るなんてと私を非難する人もいたが、かまうものか！　翌日、街を歩いていると、誰もが私に声をかけてきた。みんな私のことを「テレビで観た」のだ。

　それだけではない。政治家、芸術家、学生、企業家、経営者、革命家、議員、高級官僚、フランス大統領と会った……。

　そして堂々巡りの質問。

　──数学を好きになったきっかけはなんですかどうしてフランス人は数学が得意なのでしょうフィールズ賞であなたの人生は変わりましたか最高の栄誉を受けた今何がモチベーションになっていますかあなたは天才ですかそのクモには何か意味があるんですか……。

　ゴ・バオ・チャウはアメリカに戻ってしまい、私が独りでこの波に立ち向かうことになった。嫌だとは思わなかった。このような世

界を知ることができるなんてわくわくする。それからテレビや新聞といった華やかな世界の裏側も。往々にしてインタビュー記事というのは、実際に話した内容とかけ離れているということも自ら確かめることができた。こうして "Cédricvillani"（セドリックヴィラーニ）というメディア的で抽象的な人物が作り上げられていくことも、それは私の本当の姿ではなく、自分でも完全にはコントロールできないことも身をもって実感できた。

　こうしたすべてに加えて、所長としての仕事も続いた……私がデュボスクにやり返した同じ日には、RTLラジオのインタビューにも出演し、市役所で行われた大学学生寮に関する会合に出席し、研究所の理事長と長時間話し合い、文学を扱う深夜ラジオ放送 *Des Mots de Minuit*《真夜中の言葉》の収録を行った。

　それから国からの補助金を（「大借金」と呼ばれている）《未来への投資》枠で獲得するためのプロジェクトのコーディネーターもやった。これはデリケートな計画で、パリのアンリ・ポアンカレ研究所（IHP）、ビュール・シュリヴェットのフランス高等科学研究所（IHÉS）、リュミニの国際数学会合センター（CIRM）、そしてニースの国際純粋・応用数学センター（CIMPA）といったフランスにある四つの国立および国際研究所をまとめるものである。IHÉS は、私が半年過ごしたプリンストン高等研究所（IAS）のフランス版だ。秋になると、栗の実が落ちて割れる音が響くほど静かで奥まった場所にある素晴らしい施設で、天才グロタンディークが誰も太刀打ちできないような最高の業績を挙げたのはここだ。若い研究者も世界屈指の数学者と話せるという環境の中で、自分の研究プロジェクトを進めることができる。毎週シンポジウムを行っている CIRM は、あの厳かな雰囲気の黒い森（シュヴァルツヴァルト）ではなくマルセイユの絶景の入り江に位置していることを別にすれば、オーベルヴォルファッハ研究所のフランス版とたとえられるかもしれない。CIMPA は、いかにも国際機関らしく、発展途上国の数学研究の支援に力を入れている。この活動は至るところで必要とされ、かつ歓迎されている。

　これだけ多様な四つの研究所と各監督機関を一つの同じ協定の

もとに提携させるためには、相当な交渉資金が必要だった。まる1年IHPの所長を務め、交渉事には多少なりとも苦労した結果、私はコーディネートというデリケートな仕事に携わる心づもりが出来ていた。この提携組織は *le Centres d'Accueil et de Rencontres Mathématiques INternationales*（国際数学受入・会合センター）の頭文字をとってCARMINと呼ばれることになる予定だ。

これらの活動以外にも、私は大勢の聴衆の前で二つの新しい発表を行い、理論物理学セミナー向けに「時間」についての長い文章を書き……それからIHPで数名の職員がまさにスリラー小説のようにさまざまな病気で次々と倒れたために、その不在を埋めるべく、さらにいくつかの管理業務も担当しなければならなかった。健康なままの職員たちが熱心に仕事をしてくれたのが不幸中の幸いだった！

この3カ月間、私はすべての「貯金」を使い果たした。数日後はどれくらい睡眠時間がとれそうか事前に計算しておかなければならないほどだった。"*Hasta que el cuelpo aguante！*"（「この体が動く限り！」）〔訳注：ドミニク・アーの曲名より〕。精根尽き果てたこの秋のことを思い返しながら、私は歩き続ける。そして今、道のりの暗闇の部分にさしかかっている。

左手には森があり、キツネや雌ジカが荒らしている。右手には牧場があり、のどかに雌ウシが眠っている。だがそれ以上に、ここから始まる300メートルは、完全に真っ暗な野路が続く。一つも街灯がなく、光による汚染が一切ないのだ。

明かりのない道は、掛け値なしに素晴らしい！　月が出ていないときは、3メートル先すら見えない。早足になり、胸の鼓動は少し速くなり、すべての感覚が研ぎ澄まされる。木の葉がかさかさ音を立てるだけで耳がぴんと立つ。その道がいつもよりも長く感じ、迷子になって何者かに待ち伏せされているような気になり、走り出したくなるのを抑える。

この暗いトンネルは、数学の研究プロジェクトのスタート時点の特徴ともいえるまったく先が見えない段階に少し似ている。"数

学者とは、真っ暗な部屋の中で何も見えないまま、黒い猫を、しかもそこにはいないかもしれない猫を探し続ける人のようなものだ"……これはダーウィンが言った言葉だが、その通りだと思う。完全な暗闇……洞窟でゴクリとなぞなぞの勝負をするビルボのようだ〔訳注：トールキンの『ホビットの冒険』より〕。

この暗闇の時期は、数学者が未知の領域に踏み出す最初の一歩を特徴的に表しており、第1段階としては普通のことである。

その暗闇に、何かが整いつつあると思わせる、かすかな、かすかな光が差し込み始める……。そのかすかな光が差し込んだ後は、絡んだ糸がほぐれていくようにすべてうまくいけば、晴れて到達点にたどり着くのだ。自信と誇りをもって、至るところで発表する。この段階は一気にやってくることがあるが、それはまた別の話だ。私にも心当たりがある。

そしてこうした晴れやかな日と輝かしい光の後には、大きなことを達成した後につきものの気の停滞期がやってくる。自分自身の貢献などちっぽけなものに思えてしまうのだ。

——結局、おまえがやったことなんて、どんなやつだってできただろうよ。さあ、もっと真剣な問題を見つけて、自分の人生で何かを成し遂げてみせろよ。

数学研究のサイクルというのはこういうものなのだ……。

だが今は、文字通りの暗闇の中で歩いているのが心地いい。感動でいっぱいだった今日という一日に、歩きながら幕を引こう。ゴとメイエと私は国民会議（下院）議長に面会した。議長が研究者だったという過去を知ると、心強い兄弟を得たような思いがした。それから、内閣で華々しく行われた質疑応答の時間の前に、国民議会で盛大な喝采を受けた。国民議会図書館では言い尽くせないほどの宝物を見せてもらった。エジプト遠征に行った科学者たちが書いた論文を収蔵する特注の調度品。モンジュ、フーリエを初めとしたさまざまな研究者たちによる、生物学、歴史学、建築学などあらゆるものに革命を起こした成果が収められている。船が座礁して失われた絵の代わりに現地の材料を用いて手書きで復元された絵の美しさ。

専門家しか触ることが許されない古書の厳かさ。それらすべてが私の心を揺さぶり、光り輝く感覚で満たしてくれる。

とはいうもの、ここ数カ月間、頭の中の片隅で、漠然としているがしつこく離れない不安が次第に大きくなっていた……。相変わらず *Acta* 誌からは連絡がなく、相変わらず査読者からの知らせもなかった。この雑誌の、匿名性と独立性がしっかり守られた専門家たちによる独立した審査しか、われわれの結果が正しいと保証できないというのに。

これだけ名誉を受けた後で、あの論文が間違っているとしたら何と言えばいいのだろう。フィールズ委員会だって、決め手となったわれわれのランダウ減衰の成果をきちんとチェックさせたはずだが、慣例通り、受賞までのいきさつについては何も知らされていない。それに、第三者がゆっくりと再読し確認している間に、査読者が間違いを見つけだしたのだとしたら？　セドリック、おまえは一家の主なんだ。切腹なんていう選択肢はないんだぞ。

冗談はさておき、この状況もきっとそのうち解決するだろう。暗闇のトンネルの出口はもうすぐだ。ほらあそこに、ずっと先にかすかな、かすかな光が見えるだろう？　デジタルロックのパネルが光っている。ああ、助かった！

かけがえのない体験だ。毎日味わうこの気持ち——この暗闇は濃密な感覚に包まれるが、乗り切った後は気分がいい。私は重い門を開け、庭を突っ切って、家の中に入る。電気をつけ、2階に上がり、デスクに腰を落ち着けてからノートパソコンの電源を入れ、メールをダウンロードする。なんだって？　この12時間でたったの88件？　平穏な日だったのかな……。

だが、次々にメールがダウンロードされていくなかで、私の目はすぐさまある1通に引きつけられた。*Acta Mathematica* 誌からだ！　いてもたってもいられない思いで私たちの論文の担当編集者であるヨハンネス・フェストランドからのメールを開封した。

The news about your paper are good.（あなた方の論文についてのよいニュースです）

本当は *is good* と書かなければならないのに……。*news* という単語は *mathematics* と同じく末尾に *s* がついても単数形だ。だがこの際、そんなことはいいじゃないか。これ以上私に必要なものなどない。二つ単語だけを付け足してすぐさまクレマンに転送した。

Gooood news.

今度こそ本当に、われわれの定理が誕生したのだ。

*

定理（ムオ、ヴィラーニ、2009 年）：

ある整数 $d \geq 1$ に対し，$W : \mathbb{T}^d \to \mathbb{R}$ を局所可積分である周期的偶関数とし，そのフーリエ変換が $|\widehat{W}(k)| = O(1/|k|^2)$ を満たすとする．

関数 $f^0 = f^0(v)$ を $\mathbb{R}^d \to \mathbb{R}_+$ における解析的な分布とし，ある $\lambda_0 > 0$ に対して次の関係

$$\sum_{n \geq 0} \frac{\lambda_0^n}{n!} \|\nabla_v^n f^0\|_{L^1(dv)} < +\infty,$$

$$\sup_{\eta \in \mathbb{R}^d} \left(|\widetilde{f^0}(\eta)| e^{2\pi \lambda_0 |\eta|} \right) < +\infty$$

を満たすものとする．ただし $\widetilde{f}$ は f のフーリエ変換である．

ここで W と f^0 が一般化された *Penrose* の線形安定条件を満たすと仮定する．すなわち，すべての $k \in \mathbb{Z}^d \setminus \{0\}$ に対して，$\sigma = k/|k|$ とおき，すべての $u \in \mathbb{R}$ に対して $f_\sigma(u) = \int_{u\sigma + \sigma^\perp} f^0(z) \, dz$ と書くならば，$f'_\sigma(w) = 0$ となるすべての $w \in \mathbb{R}$ に対し，次の関係が成り立つとする

$$\widehat{W}(k) \int_{\mathbb{R}} \frac{f'_\sigma(u)}{u - w} \, du < 1.$$

配置と速度の初期状態 $f_i(x, v) \geq 0$ を解析的な状態 f^0 の極めて近く，すなわち，位置と速度に関するフーリエ変換 $\widetilde{f}$ が $\lambda, \mu > 0$,

および十分小さい $\varepsilon > 0$ に対して次式を満たすようにとる.

$$\sup_{k \in \mathbb{Z}^d, \eta \in \mathbb{R}^d} \left| \widetilde{f}(k,\eta) - \widetilde{f^0}(\eta) \right| e^{2\pi\mu|k|} e^{2\pi\lambda|\eta|}$$
$$+ \iint \left| f_i(x,v) - f^0(v) \right| e^{2\pi\lambda|v|} \, dx \, dv \leq \varepsilon.$$

このとき,相互作用ポテンシャルを W とし, $t = 0$ における初期状態を f_i とする非線形ヴラソフ方程式の解に対し,解析的な状態 $f_{+\infty}(v)$ と $f_{-\infty}(v)$ が存在し

$$f(t, \cdot) \xrightarrow{t \to \pm\infty} f_{\pm\infty} \qquad 弱収束$$

が成り立つ.より正確には,フーリエモードの各点で指数関数的な速さで収束する.

非線形方程式の収束の速さは $\varepsilon > 0$ が十分小さいならば,線形化された方程式の収束の速さと任意に近くとることができる.さらに,周辺分布 $\int f \, dv$ と $\int f \, dx$ はすべての C^r 級の関数空間において,平衡状態へ指数関数的な速さで収束する.

非線形の場合の証明にあらわれた評価は,すべて構成的である.

Clément Mouhot & Cédric Villani

クレマン・ムオ&セドリック・ヴィラーニ

エピローグ

2011 年 2 月 24 日、ブダペスト

　がたついた小さなテーブルの上に 4 本のボトルが一直線に並べられている。ヴィラーニ産〔訳注：ハンガリー南部の Villanyi 地方〕の高級ワインでほろ酔い気分になった私は、ガボールがこれら四つのブランドのトカイワインの長所を比較するのを、力を振り絞って聞こうとする。これは若いワイン……そちらにあるのは辛口で、あちらは甘口……私はどれにしようか判断できる状態にない。

　子どもたちはグラッシュとリンゴのタルトを 2 回もおかわりすると、目につくものは何でもカメラに収めようと、大きなディスプレイが鎮座する隣の小さな広間へ行った。クレールは私に甘いオーガニックワインを選ぶようアドバイスする。そして、その家の夫人はクリームをたっぷり入れたとてもおいしそうなカプチーノを持ってくる。

　ガボールはハンガリーについて語り、若かりし頃の話を始める……。毎週 12 時間も数学漬けになるほど熱心な少年だったことや、テレビでも中継され、夫人もまだ覚えているという数学オリンピックで出題された問題について話している。

　彼は自分の母語の特殊性についても話す。ハンガリー語は、フィンランド語の遠い親戚で、1000 年前に枝分かれしたという。絶えず耳を澄まして警戒することを強いる言語だ。というのも、それまで頭の中で想像している意味が、最後の言葉ですべてひっくり返ってしまうことがあるからだ。その複雑な言語ゆえに、ハンガリーは 20 世紀前半、伝説的な学者や科学者を数多く輩出したのだろうか？　エルデシュ、フォン・ノイマン、フェイエール、リース、テラー、ウィグナー、シラード、ラックス、ロヴァースの祖国ハンガリー……。

「ユダヤ系の人々が大きな役割を果たしたのです！」ガボールは主張する。「我が国が世界でも反ユダヤ主義に最も縁のない地域だった時代がありました。ユダヤ系知識人は争うようにこの国に押しかけ、知性という富を残すという決定的な役割を果たしたのです。ですが、その後風向きが変わり、彼らは歓迎されなくなり、去っていきました……残念なことに」

ガボールは *Gömböc*《ゴムボック》を考案した人物だ。ウラジーミル・アーノルドがその存在を信じていたゴムボックは想像がつかないような形状をしている。この隙間なく均等に中が詰まったゴムボックは、安定平衡点と不安定平衡点を一つずつもっている。この上なく安定した形状としては最も簡素なものであり、どのように床に置いたとしても、必ず平衡な状態に戻る。まるで起き上がりこぼしのようであるが、起き上がりこぼしが中にバラストのような重りを入れているのに対して、ゴムボックは完全に中身が均質である。

ブダペストに到着した直後にこの発見について耳にした私は、ポアンカレ研究所の図書館にゴムボックが展示される様子を思い浮かべた。だがとにかく、まずこの目で確かめて、本当に存在すると納得したかった。そのためには電子メールで連絡をとれば十分だった。「あなたの素晴らしい発見を私の研究所で展示させていただけるならば大変光栄なのですが」、「由緒ある貴研究所のコレクションに私の発見を加えていただけるとは大変な名誉に存じます。明日あなたの発表を聴きに伺う予定です。明後日、我が家に昼食に来ていただけますか？　いずれにしてもあなたにお会いできるのを楽しみにしております」といった具合に。

「昨日の大学でのあなたの発表はとても素晴らしかったです！」ガボールは感きわまって私にそう繰り返す。「すごい発表でした！　なんと素晴らしい発表で！　本当に素晴らしかったです。まるでボルツマンが会場にいるかのようでした。私たちと一緒に！　そうでしょう？　なんて美しい発表なんだ！」

ガボールはクレールにも同意を求める。

「会場は暑すぎましたね。たくさん人が集まったので狭すぎました。

プロジェクターも設置されていなくて、ご主人は散らかったケーブルの上をあちこち飛び越えなければならなかったし、ボードはひとりでにずるずる下がってしまうし。でもご主人はまったくお気になさらない。1時間半も発表してくださったんですよ！　なんという喜びでしょう！」

　私たちは乾杯した。まずはボルツマンに。それからあらゆる国の数学者たちの友好関係に。そして私のランダウ減衰についての論文に……。あれから査読者と何度かやりとりをしたあと、昨日最終的にあの論文が *Acta Mathematica* 誌に認められたのだ。

　甘いトカイワインが皆の喉を潤していく。ガボールは話を続ける。1995年にハンブルクで開催された国際応用数学会議に出かけたときの話だ。アーノルドを囲んでの有料昼食会があったので、ガボールはためらうことなく申し込んだそうだ。この旅行のために確保したわずかな予算の半分をつぎこんだにもかかわらず、すっかり気後れした彼は、この偉大な人物に話しかけることすらできなかったのだという。

　だが、翌日、ガボールは彼のヒーローが、なにやら憤った男にからまれているのに偶然出くわした（「あなたの問題など10年前にすでに解いているんですよ！」「いえ、ここであなたの証明など聞いている暇はありません」）。そしてアーノルドはまさにこの泥沼から脱出するタイミングを逃さなかった（「時間がありません。本当に無理なのです。ここにいる方と約束があるので」）。

　アーノルドは食事の席にいたこの無口で変な男についてもっと知りたいと思った。「君が昼食に来ていたのは見かけたよ。ハンガリー出身だということも知っている。あの会食費が君にとってとてつもなく高額だったということもわかっている。さあ、もし私に話したいことがあるなら、今がチャンスだ！」

　ガボールが自分の研究について話すと、アーノルドは方向性が間違っていると言った。そのまましばらく話し合う間に、アーノルドは最小安定形状の存在を信じていると打ち明けた。二つの平衡点しかないが、そのうちの一つだけが安定平衡だという形である。

このたった数分間がガボールの運命を変えた。彼はそれから12年間この噂の形状を追い求めたのだ。まず何千もの小石を集めた結果、これは自然界に存在しない形状であり、一からすべて自力で作らなければならないと確信した。おそらくその形は変形した球面、回転楕円形になるだろう。なぜなら回転楕円形は自然界ではまれな存在だからだ。

　2007年、ガボールはついに、教え子の一人でこの冒険の相棒となったペーテルの協力を得て、その形状を考え出した。素晴らしい芸術から誕生した、微妙に変形した球面だった。彼はそれを《ゴムボック》と名付けた。ハンガリー語で「回転楕円形」という意味である。

　ゴムボック第1作は抽象的な形状で、球体にかなり近く、肉眼では違いを見分けることができなかった。だが、その後二人の創造者は少しずつそれを変形させ、テニスボールと先史時代の人間が削った石を交配させたような形にすることができた。もちろん、安定平衡点と不安定平衡点をそれぞれ一つだけ備えたという前と同じ性質は保ったままで成功させたのだ！

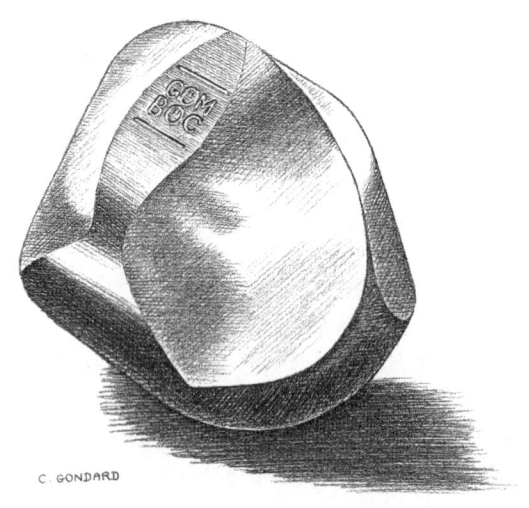

ガボールはアクリル樹脂でできた巨大なゴムボックを私に差し出した。
「美しい形でしょう？　12年間の研究のたまものです！　中国人がこれを見ると、陰陽を表したレリーフだと思うそうです！　シリアルナンバーのまさに第1番はアーノルドに献呈しました。あなたには金属製の1928番をお送りしようと思います。あなたの研究所の設立年と同じ数字で！」
　もう一口トカイワインを飲む。子どもたちは大きな画面に映し出された画像を写真に撮っている。写真が趣味で腕も立つガボール夫人がその子どもたちを撮影している。ガボールは話し続けている。耳を傾ける私は彼の話に魅了されている。永遠の物語、数学の物語、探索と夢と情熱の物語に。

訳者注記：
ウィリアム・ブレイクの『虎』について

　本書では、原書の英文箇所にも直接日本語訳を入れている。一方、原書では、英文テキストのフランス語訳を巻末に入れる形をとっているが、ウィリアム・ブレイクの詩『虎』（本書 274 ページ）について、著者は次のように記している。

> この有名な詩は本質的な部分で翻訳不可能であるにもかかわらず、フランス語訳の数々の試みを、紙媒体でも電子媒体でも簡単に見つけることができる。だが、いずれも私にはよいと思えなかったので、読者の方々にはぜひ英語のまま読むようお勧めしたい。この詩に関しては多種多様な解説書があり、同様に著者や編集者の迷いが原因で、微妙に異なる解説がいくつか存在する。私はブレイクの原文を選び、かつ（ブレイクが自身の原稿のうちの一つで試してみたように）句読点を除いた。というのも、この詩を掲載している文献も、版元によって句読点の打ち方に相当な違いがみられるからだ。

　したがって、ここに原書に掲載されていたウィリアム・ブレイクの『虎』の英語原語版を引用する。

THE TYGER (William Blake, 1794)

Tyger Tyger burning bright
In the forests of the night
What immortal hand or eye
Could frame thy fearful symmetry

In what distant deeps or skies
Burnt the fire of thine eyes
On what wings dare he aspire
What the hand dare sieze the fire

And what shoulder & what art
Could twist the sinews of thy heart
And when thy heart began to beat
What dread hand & what dread feet

What the hammer what the chain
In what furnace was thy brain
What the anvil what dread grasp
Dare its deadly terrors clasp

When the stars threw down their spears
And water'd heaven with their tears
Did he smile his work to see
Did he who made the Lamb make thee

Tyger Tyger burning bright
In the forests of the night
What immortal hand or eye
Dare frame thy fearful symmetry

訳者あとがき

　数年前、あるヨーロッパ人研究者が東京にくるというので久しぶりに会いにいった。長い外国生活のあと、彼が母国の大学の教授になった頃のことだ。母国に戻って幾分ほっとした様子の彼と何人かで食事をしていると、ふと彼が「自分にもう少し才能があったなら、本当は数学者になりたかったんだ」と私に言った。お互いに相手の研究は知っているし、私には意図が通じると思ったのだろう。実際、彼の研究はよく知っている。決して数学の才能がないわけではないこともわかっている。それでも彼の言葉にどう答えたものか考えてしまった。

　彼は大学で物理学を、私は工学を専攻し、今は二人とも情報理論、統計学、あるいは機械学習と呼ばれる分野の研究をしている。研究の内容を一言で説明するのは難しいが、使っている数学に関していうならば応用数学の範疇に入るだろう。われわれもそれなりに難しい問題を数カ月にわたって考えることがある。一日中頭から問題が離れずに、夢の中に数式が出てくることもよくある経験だ。そうして悩んだ末に問題を解決したときの喜びは大きい。

　しかし、そうはいってもわれわれの見ている問題は数学、いわゆる「純粋数学」のそれとは違う。純粋数学の問題はわれわれの扱う問題よりも抽象度が高く、深い数学的思考が必要だ。数学者は広い数学の知識をもとに、時には何人もの数学者が長年にわたって解決できなかった問題と向き合う。長年の未解決問題と格闘し解決したときに得られるのは、きっとわれわれの経験するものとは質の違う喜びなのだろう。

　本書の著者であるヴィラーニは、紛れもない数学者だ。文中にあるように、フィールズ賞は40歳までに素晴らしい研究成果を残し

た数学者に与えられる賞である。4年に1度選ばれる人数は片手でおさまる。ノーベル賞が対象とする6分野に数学は含まれていないため、数学者にとってフィールズ賞を受賞するということは、物理学者がノーベル賞を受賞することに匹敵する名誉だといえるだろう。その受賞者であるヴィラーニが1年にわたって問題を考え解決したのだ。その達成感を想像するとうらやましくもある。数学者になりたかったという私の知己の言葉は、そうした問題にチャレンジする才能があったなら、もっと大きな問題を考えたかったということなのだろう。

ヴィラーニがこの本に記したように、彼がムオと共に定理を導くまでの道のりは決して平坦でなかった。問題を定式化し、いくつものアイディアを組み合わせながら試行錯誤し、問題と対峙し続けた結果ようやく証明が得られたのだ。ひとつの問題を1年間考え続けることは簡単ではない。ときには孤独や不安と闘いながら、証明できると自分を信じ続けなければならない。考え続けた先にしか大きな喜びはないのだ。

結局、数学者になりたかったという彼の言葉に気の利いた返事は思いつかなかった。大きな問題にチャレンジしたいという気持ちも確かにわかる。しかし、解決されていない問題はわれわれの分野にも、それ以外にもたくさんある。私は自分の目の前にある問題を考えていく。そうした問題に挑み、考え続け、解決できるならば、きっと大きな喜びを得られるはずだ。

この本のスタイルは少し特殊である。統計をとったわけではないが、多くの数学者は苦労しているところは人に見せず、成果だけをさらりとみせることがスマートだと思っているはずだ。本書はそれとは逆に、証明を得るまでの苦労を一般読者向けに記しているのだ。そうした舞台裏を翻訳するのは楽しい経験だった。これまでの経緯を簡単に述べたい。

この本の原書はフランス語で書かれていて、高度な数学がちりばめられている。そのためフランス語翻訳者と数学がわかる人をペ

アにし、翻訳者がフランス語を日本語にし、もう一人が数学に関する部分に手を入れることになった。そして、フランス語翻訳者、数学の担当として、それぞれ松永りえ氏と私に声がかかり、チームを組むことになった。ヴィラーニの知識は数学だけにとどまらず、食、音楽、マンガにまでおよぶ。二人の知識を総動員し、翻訳を完成させることができた。

この本の翻訳は、ふたつの点で特に難しかった。ひとつは、本書に書かれている試行錯誤の過程の多くが、最終的に出版された論文には書かれていないことだ。ヴィラーニとムオのメールには符丁を用いたやり取りが見られる。論文の中に対応する部分があれば、前後を読みながら日本語訳を探すことができる。ところが、試行錯誤の結果使われなかったアイディアは出版された論文には残っていない。われわれ研究者が論文を公開するために利用する arXiv と呼ばれるウェブサイトには、ムオとヴィラーニの最終原稿だけでなく、草稿段階の原稿も公開されている。そうした原稿をチェックしても、メールのやり取りすべてが書かれているわけではない。結果として、メールのやり取りだけから意味を考えなければならなかった。

もうひとつは、ここで示された定理が最新の数学だということだ。ここにある数学の結果は論文誌には載っていても、まだ日本語の教科書に載るようなものではないため、日本語による記述が定まっていないものが多くある。誤った訳をつけてはいけないので、この点に関しては専門家の意見を仰ぐしかない。

日本では鵜飼正二先生がヴィラーニと近い分野における第一人者だったと聞いている。ヴィラーニ自身もホームページで書いているが、鵜飼先生とヴィラーニは以前より懇意にしていた。ヴィラーニがフィールズ賞を受賞したときは、鵜飼先生が雑誌「数学セミナー」に解説を書いている。本書についても相談をさせていただきたかったのだが、本書の翻訳を始めた2012年の秋に鵜飼先生は亡くなられた。本書では鵜飼先生の解説記事やウェブ上にあるスライドの原稿にしたがっていくつかの言葉を使った。著者の名前 Villani の日本語表記については（フランス語の発音に近く、広く

用いられているヴィラニとするべきか議論があったが）鵜飼先生の書かれたヴィラーニとした。また、hypocoercivity というヴィラーニの新しく作った言葉についても「準統御性」と訳されていることから、そのまま使っている。

　こうした単語の他にも数学者からの助言が必要だったので、ヴィラーニ自身に尋ねることにした。われわれ研究者は学問のもとには平等である。敬意を持って研究に関する質問をすれば、対面ならもちろん、電子メールであっても多くの場合、回答を得られるものである。私はヴィラーニ本人に電子メールで事情を伝え、専門が近く相談のできる日本人数学者を紹介してくれるように頼んだ。数日後のメールで彼が紹介してくれた先生方を含め、数名の方に私から直接メールで相談をした。柴田和正先生（東京工業大学）、太田慎一先生（京都大学）、森本芳則先生（京都大学）、松本剛先生（京都大学）、青木一生先生（京都大学）、皆様には快く応対していただきとても助かった。特に松本先生は、ご自身が共著者として書かれた英文論文の要旨（43章）の訳を送ってくださった。皆様に感謝の意を表したい。また、青木先生からはヴィラーニを日本に招待したいきさつ（本書5章）を伺ったが、青木先生を含め、ヴィラーニのことを個人的に知っている人は皆、彼の人柄の素晴らしさについて話してくれた。私もメールのやり取りを通じてそのことを実感している。

　最後に、お世話になった方にお礼を申し上げたい。編集については早川書房の山口晶氏、伊藤浩氏、（株）リベルの山本知子氏に、LaTeX でかかれている本書の組版については国際文献社の皆様にお世話になった。ここに感謝の意を表する。

池田思朗

　追記：本書内の固有名詞表記について付記しておく。

　人名については、必ずしも原語の発音通りにカタカナで表記しているわけではなく、日本の該当する業界ですでに知られている表記

を優先した。
　楽曲名、特に第 28 章に登場する数多くのポピュラー音楽については、原題をまず表記し、続いて日本で紹介されたと確認できたものに関しては二重カギ括弧書きで邦題を、確認できなかったものは二重山括弧書きで、訳者による訳題を表記するという形をとった。本書で引用されている文芸作品も、日本で紹介されていない書籍については同様の表記をした。

フィールズ賞業績紹介——ヴィラーニ

(編集部注：以下は《数学セミナー》誌 2011 年 1 月号 30–35 ページに掲載されたものの再録である．文中にある「写真」は割愛した．筆者の鵜飼氏は本稿初出当時「東京工業大学名誉教授」で、2012 年に死去)

鵜飼正二

1. はじめに

ボルツマン方程式の研究によりフィールズ賞を受賞したのはヴィラーニが二人目である．一人目は 1994 年に受賞した P. L. リオンスである．ヴィラーニは博士課程のときリオンスの学生であったので，彼が同じ方程式をテーマに選んだのは偶然ではないが，彼の受賞対象となった研究はリオンスの研究成果を拡張したものでなく，まったく新しい分野を切り拓いたものである．同一の方程式の研究によりフィールズ賞が 2 度与えられたのは初めてである．これは彼ら 2 人の才能の優秀さを表しているとともに，ボルツマン方程式が豊かな数学的内容を持ち，将来のさらに大きな数学的可能性を秘めている方程式である証でもある．

彼は現在 36 歳で，2009 年の 7 月よりポアンカレ研究所の所長を務めている．また 2010 年 9 月までの 8 年間，リヨンのエコール・ノルマルの教授を勤めた．28 歳で教授になったのである．彼に初めて会ったのは筆者が 1998 年にイルナ（カナダ）とスレムロド（アメリカ）の 3 人でハワイにおいて研究集会を開いたときで，彼はまだ博士課程の学生であった．このときの彼の講演は空間一様ボルツマン方程式の時間大域弱解の存在に関するものであったが，それまで研究がほとんどなかった切断のない衝突断面積を持つ場合を解決したもので，その鮮やかさに将来の大器だなと感じたことが記憶に残っている．実際，彼は今回の受賞に先立ち，コレージュ・ド・フ

ランス講義ペコ,欧州数学会賞,フェルマー賞(ツールーズ大学),ジャック・エルブランド賞(フランス科学アカデミー),ポアンカレ賞(第 16 回物理数学国際会議)など多数の賞をすでに受賞している.

これらの受賞は彼が 90 年代半ばから行ってきた数学的活動の結果がいかに実り多いものであったかを示している.彼の研究は大きく 3 つに分類される.以下それらの内容を概説しよう.

2. ボルツマン方程式

ボルツマン方程式は 1872 年に L. ボルツマンが導いた気体の運動方程式であり,次式で与えられる.

$$\partial_t f + v \cdot \nabla_x f = Q(f).$$

ここで $f(t,x,v) \geq 0$ は未知関数で,時刻 t において位置 $x \in \mathbb{R}^3$,速度 $v \in \mathbb{R}^3$ を持つ気体粒子の確率密度である.非線形項 Q は粒子相互の衝突を表す作用素で

$$\begin{aligned}Q(f)(v) = \int &B(|v-v_*|,\sigma) \\ &\times \{f(v'_*)f(v') - f(v_*)f(v)\}dv_*d\sigma,\end{aligned}$$

と与えられる.ここで,$f(v') = f(t,x,v')$ など,v, v_* と v', v'_* は衝突前後の粒子速度,$\sigma \in \mathbb{S}^2$ は衝突方向で,B は衝突断面積と呼ばれる相互作用の微細構造で決まる非負関数である.

ボルツマンがこの方程式を導出した動機は,経験則として当時完成をみた熱力学のニュートン力学的基礎を明らかにすることであった.実際,ボルツマンは彼の方程式から熱力学第一法則および第二法則が導けることを示した.

まず,ボルツマン方程式の両辺に $|v|^2$ を乗じ積分すると,解 f が十分良い性質を持つ関数ならば,$v \cdot \nabla_x f$ を含む積分はガウスの発散定理により 0 となる.Q を含む積分も若干の計算により 0 となることが分かる.すなわち,

$$\frac{d}{dt}\int |v|^2 f(t,x,v)dxdv = 0$$

を得る．ここに現れる積分は気体の全エネルギーに比例するから，これは熱力学第一法則（エネルギー保存則）を意味する．$|v|^2$ の代わりに $1, v_i \ (i=1,2,3)$ とおいても同じ計算ができ，それぞれ全質量，全運動量の保存則を得る．

今度はボルツマン方程式の両辺に $\log f$ を乗じて積分する．密度分布は非負関数なので $f \log f$ は意味を持つ．発散定理と Q の定義により

$$\frac{dH(t)}{dt} + D(t) = 0,$$

$$H(t) = \int f \log f \, dx dv,$$

$$D(t) = \int B\{f(v'_*)f(v') - f(v_*)f(v)\}$$
$$\times \log \frac{f(v'_*)f(v')}{(f(v_*)f(v)} dx dv d\sigma$$

を得る．初等的不等式 $(a-b)\log(a/b) \geqq 0 \ (a,b>0)$ から $D \geqq 0$，ゆえに $dH/dt \leqq 0$ が従う．ボルツマンはこれを H 定理と名づけ，積分 H を H 関数と呼んだ．H 関数はボルツマン自身が統計力学で導入したエントロピーにマイナスを付けたもので，H 定理は熱力学第二法則（エントロピー増大の法則）を与える．関数 D は消散積分と呼ばれ，$D \geqq 0$ はボルツマン方程式が消散方程式であることを意味している．

さらに $t \to \infty$ のとき $f(t,x,v)$ がある極限に収束したとすると，当然 $\dot{H}(\infty)=0$，したがって $D(\infty)=0$ である．極限関数を M とするとこれは

$$M(v'_*)M(v') - M(v_*)M(v) = 0$$

を意味する．ボルツマンはこの関数方程式を解き，有名なマクスウェル分布

$$M(v) = \frac{\rho}{(2\pi T)^{3/2}} \exp\left\{-\frac{|v-u|^2}{2T}\right\}$$

を得た.これは密度 $\rho > 0$,流速 $u = (u_1, u_2, u_3)$,温度 $T > 0$ の平衡気体の速度分布関数で,マクスウェルがボルツマン方程式に先立ち 1859 年に統計的考察により導いたものである.明らかに $Q(M) = 0$ が成り立つので,ρ, u, T が t, x によらない定数ならば M はボルツマン方程式の平衡解である.すなわち平衡状態はマクスウェル分布以外ではあり得ないこと,マクスウェル分布はボルツマン方程式に埋め込まれていることを意味する.

これより,ボルツマンは熱力学のニュートン力学的基礎を築いたと主張した.しかしこれに対して多くの反論が提起され,ボルツマンとの間で激しい論争が繰り広げられたことは科学史上の有名な挿話である.ニュートン力学は時間可逆性をもつが,H 定理は持たないことが論争の中心であった.この論争に決着が付き,ボルツマンに軍配が上ったのは 1970 年以降である.それは

(1) ボルツマン - グラッド極限の存在がランフォード [7] によって証明され,ボルツマン方程式の統計的依存性が明らかになったこと,

(2) ボルツマン方程式の時間的大域解の存在理論がさまざまな条件の下で確立されたこと,

による.特に H 定理は滑らかな時間大域解の存在が前提になっていることから (2) の意義は大きい.

(2) はボルツマン方程式の数学的理論の中心課題であり,長年にわたり多くの研究成果が積み重ねられてきたのであるが,ヴィラーニは新しい切り口を導入しさらに大きく発展させたのである.

◎——切断のない衝突作用素の解析

ボルツマン方程式の解析の困難の 1 つは,衝突面積 B が非可積分性の強い特異性を持つことにある.この困難を回避するため,1960 年代にグラッドは B を可積分関数で近似することを提案した.これはもともとは影響範囲が無限大の相互作用ポテンシャルを有限範囲に切断することにより得られる.この切断近似は大きな成功を収め,その後の研究のほとんどはこの近似に基づいている.

一方,切断のない場合の解析は少数の先駆的研究を除きその後もほとんど進展がなかった.これを大きく進展させたのがヴィラーニである.すでに触れたように大学院において,空間一様の場合,すなわち f が位置変数 x に依存しない場合の弱解の構成に非常に一般的な条件で成功している [11].さらに物理的により重要な空間非一様の場合にデフェクト測度解と呼ぶ新しい弱解のクラスを導入し,その存在を(アレクサンドルとともに)示した [2].これはディパーナ・リオンスの解の繰り込み解の切断近似を行わない場合への真の拡張を与えている.

非切断近似の最大の特徴は特異性のために Q が(非線形)擬微分作用素として振る舞うことである.彼は特異性のある部分を相殺するメカニズム(cancelation lemma と呼ばれる)を明らかにし,これを用いて Q の主要部を抽出し,フーリエ変換の巧妙な利用によりその擬微分作用素としての次数と特異性の次数との関係を具体的に確定する非常にエレガントな方法を [1] で開発した.これにより Q の数学的性質が順次明らかになり,これを用いて最近ようやく切断のない場合の解の存在が証明可能になった [4, 6].ボルツマンがもともと提案した方程式がやっと解けるようになったといえる.

◎──ランダウ方程式

相互作用がクーロン力のとき,小角度衝突が圧倒的になりボルツマン方程式はそのままでは意味を持たなくなる.1963 年ランダウは小角度衝突のみを考慮した方程式(ランダウ方程式)を導いたが,Q は強い特異性を係数に持つ非線形 2 階偏微分作用素となり,その厳密な解析は長らく困難であった.ヴィラーニは初めて大域的弱解を構成し,またボルツマン方程式が小角度衝突の極限でランダウ方程式へ収束することの証明など,この方程式の理論を大きく前進させた [3, 11].

◎──エントロピー増大と準統御性

H 定理はエントロピー増大を示唆しているが,その増大の速度

は自明でない.これに関してチェルチニャーニが早く1982年に不等式

$$D(f) \geqq K(H(f) - H(M))$$

が成り立つとの予想を提案した [5]. ここに K は f にのみ依存する真に正の数で, M は f から定まるマクスウェル分布である. この予想は拡散過程における対数的ソボレフ不等式に対応するもので,もしこの予想が正しければ, ボルツマン方程式の解 f に対し H 関数がリアプノフ関数の性質を持ち, H 関数は指数減衰する. この重要な予想を証明しようと多くの研究者が取り組んだが, ヴィラーニが最終的に驚くべき美しい結論を導いた. すなわちほとんどのポテンシャルに対し上の評価は正しくないが, その一般化である

$$D(f) = K_\varepsilon (H(f) - H(M))^{1+\varepsilon}$$

はいつも正しいことを示したのである [13]. ここに ε は $(0,1)$ に属す任意の数である. これは H 関数の減衰が $C_\varepsilon t^{-1/\varepsilon}$, すなわちほとんど指数関数的であることを示している. この結果はエントロピーは常に増加するがその速度は一定でなく, 時には速く, 時にはゆっくりと変化するという, これまで予想されていなかったことを示唆している.

ヴィラーニはさらに進んでこの結果の空間非一様ボルツマン方程式への拡張を試みた. この場合の困難は速度変数 v に関しては消散項 D を持つが, 輸送項 $v \cdot \nabla_x$ は位置変数 x に関する双曲型作用で消散効果は持たない. しかし彼はこの2つの項の相互作用により x に関しても消散効果が生じることを発見し, 解の平衡状態への収束を証明したのである. 彼はこの相互作用による大域的消散性を準統御性 (hypocoercivity) と呼び, ボルツマン方程式のみならず一般の偏微分方程式において重要な役割を果たすことを発見したのである [15]. 最近この同じ2つの項の相互作用はボルツマン方程式の場合には x, v 変数の両方に関し解の平滑化効果も生み出すことが明

らかになり [4], 準楕円性をも合わせ持つことが分かってきた. 今後の研究の進展が期待される.

3. 最適輸送問題と曲率

　これはモンジュ‐カントロビッチ問題として知られる物流コストの最小化問題で, 工学における古い歴史を持つ. カントロヴィッチはこの問題の研究を通じて線形計画法の先駆的研究を行い, 1975年にノーベル経済学賞を受賞した. 彼の研究は経済学, 工学, 物理学, 数学等に幅広い応用をもち, 日本でも多くの研究が行われている.

　ヴィラーニはこの最適輸送問題に新たな側面を導入した. まったく無関係に見える気体の拡散現象がこの最適輸送問題として理解できること, とくにエントロピー増大法則の新しい解釈が可能であることを見出したのである. すなわち気体粒子の初期状態は物品の初期分布に対応し, その後の分布は (抽象的な) 状態空間の中の物流の分布に対応するが, その動きは輸送コストが最小になるようにして定まる. ある 2 つの配置の間の距離は最適輸送コストで定まるが, 配置空間には高低があり, 各配置の高さはその配置のエントロピーにより定まる (低い配置ほど高いエントロピーを持つ). これにより最適物流はエントロピー増大の法則により理解できることが明らかになったのである.

　さて, 何らかの物理的手段により気体の拡散が非一様になったとする (例えば外部から空気を吹き込む). 数学的にはこれは気体が拡散する空間が歪められた多様体に変形することを意味する. ヴィラーニはこの多様体の曲率と状態空間のトポロジーに密接な関係を見出し, 曲率, 特にリッチ曲率についての深い数学理論が最適輸送問題のさまざまな問題の解決に応用できることを示した. それにとどまらず, さらに進んで, 逆に最適輸送問題を用いて, 計量‐測度空間におけるリッチ曲率を構成し, これまで定義不可能であった角のある多様体などのリッチ曲率が導入できるなど, 曲率の数学理論に新しい切り口を可能にしたのである [9, 16].

4. ランダウ減衰

プラズマの運動を記述する最も基本的な方程式はヴラソフ・ポアソン方程式

$$f_t + v \cdot \nabla_x f + E \nabla_v f = 0, \quad f(t, x, v) \geqq 0$$

である．ここに f は時刻 t において位置 x, 速度 v を持つ荷電粒子の密度で，電場 E は荷電粒子密度 $\rho(t,x) = \int f(t,x,v) dv$ からポアソン方程式

$$E(t,x) = -\nabla_x \phi, \quad -\Delta_x \phi = \rho(t,x) - 1,$$

により定まる．ここに定数 1 は背景荷電粒子の密度分布を規格化したものである．E の符号を変えれば重力による銀河系の非相対論的運動を表す方程式になる．

この方程式はボルツマン方程式の衝突項をポアソン方程式で置き換えたもので，衝突のない力学系の方程式である．大きな特徴は時間可逆的であることである．一般にボルツマン方程式などの消散性を持つ力学系は時間非可逆で，平衡状態へは指数関数的に近づくが，時間的可逆な力学系では初期状態の情報は保持され，平衡状態への収束は何らかの平均操作によってのみ得られることが知られている．他方，平衡状態への急速な漸近はニュートン力学系でも珍しくなく，これは衝突過程で生成される消散性によるものと説明されてきた．しかし 1946 年にランダウは衝突のない方程式である線形化ヴラソフ・ポアソン方程式の解が指数的に減衰することを証明し，この説明が必ずしも正しくないことを示したのである．これはランダウ減衰と呼ばれ，非線形方程式でも成り立つことが予想されていたが，長らく未解決であった．

2009 年ヴィラーニは（ムオ [8] と共に）この問題の最終的な解決を与えた．ヴラソフ・ポアソン方程式は無限個の定常解を持つ．例えば正規化条件を満たす任意の密度関数 $g(v)$ は定常解である．彼らは初期状態が解析的な線形安定定常解の近傍の解析関数ならば，電場 E は指数関数的に減衰することを示した．より詳しくは，そ

のような初期状態に対する解 f に対して解析的な状態 $f_{+\infty}$ と $f_{-\infty}$ が存在し

$$f(t,\cdot) \to f_{\pm\infty} \quad (t \to \pm\infty)$$

が成り立つ．ここに収束は弱収束で，その速さは指数関数的である．ここに現れる解析的条件は人工的なものでなく，必然的なものであることも知られてきた．$f_{+\infty}$ と $f_{-\infty}$ はそれぞれ未来および過去の極限状態であるが，彼らはさらにある密度関数 ρ_∞ が存在し，f の周辺分布 ρ は L^∞ ノルムで指数関数的に収束することも示した．

未来および過去の極限状態 $f_{\pm\infty}$ の存在はヴラソフ・ポアソン方程式と同様の時間的可逆的な方程式である波動方程式やシュレディンガー方程式の非線形散乱理論でも知られている結果である．これは時間可逆的な方程式に共通の性質であり，解が初期状態の記憶を全時間にわたって保持していることを意味している．ヴィラーニの結果は指数関数的な速い平衡状態への移行は周辺密度のような平均量についてのみ起こることを示している．これは主として弱収束は解の情報の低周波成分のみを保存すること，他方全情報を常に一定に保つために低周波成分は高周波成分に移転されるのである．f は初期状態の情報を失わないが時間と共により多くの情報が高周波成分に蓄えられる．したがってもし低周波成分のみに着目すれば情報の損失が起こっており，これが平均量が速く減衰する原因である．これは衝突のない時間可逆な力学系で起こる平衡への速い移行と時間非可逆的な振る舞いについての最初の数学的に厳密な結果である．

ヴィラーニは物理的，幾何学的直感と鋭い数学解析力を創造的に組み合わせ，次々と新しい切り口を発見している．彼は純粋数学者と応用数学者を兼ね備えているといえる．さらに論文の多産性に加え，専門書や解説書の執筆も多数あり [10, 12, 14, 15, 16]，いずれも大著で，[12] は 250 ページ，[16] にいたっては 1000 ページに近い大作である．

◎──謝辞

本稿の執筆にあたりムオから提供を受けたヴィラーニの業績の解

説文を参考にした．また写真はヴィラーニの提供で掲載を快く承諾してくれた．ここに両氏に深く感謝する．

参考文献

[1] R. Alexandre, L. Desvillettes, C. Villani, and B. Wennberg. "*Entropy dissipation and longrange interactions*". Arch. Ration. Mech. Anal., 152 (4): 327–355, 2000.

[2] R. Alexandre and C. Villani. "*On the Boltzmann equation for long-range interactions*". Comm. Pure Appl. Math., 55 (1): 30–70, 2002.

[3] R. Alexandre and C. Villani. "*On the Landau approximation in plasma physics*". Ann. Inst. H. Poincaré Anal. Non Linéaire, 21 (1): 61–95, 2004.

[4] R. Alexandre, Y. Morimoto, S. Ukai, C.-J. Xu, and T. Yang. "*Regularizing effect and local existence for non-cutoff Boltzmann equation*", Arch. Rat. Mech. Analysis., 198: 39–123, 2010.

[5] C. Cercignani, "*H-theorem and trend to equilibrium in the kinetic theory of gases*". Arch. Mech. (Arch. Mech. Stos.), 34 (3): 231–241 (1983), 1982.

[6] P.-T. Gressman and R.-M. Strain. "*Global classical solutions of the Boltzmann equation with long-range interactions*". Proc. Nat. Acad. Sci., 107: 5744–5749, 2010.

[7] O. E. Lanford III. "*The evolution of large classical systems*". In Dynamical systems, theory and applications. Lecture Notes in Physics, Moser J. ed., vol. 35, 1–111, Springer, 1975.

[8] C. Mouhot and C. Villani. "*Landau damping*". J. Math. Phys., 51, 015204, 2010.

[9] F. Otto and C. Villani. "*Generalization of an inequality by Talagrand and links with the logarithmic Sobolev inequality*". J. Funct. Anal., 173 (2): 361–400, 2000.

[10] F. Rezakhanlou and C. Villani. "*Entropy methods for the Boltzmann equation*". Vol. 1916 of Lecture Notes in Mathematics. Springer, 2008. Lectures from a Special Semester on Hydrodynamic Limits held at the Université de Paris VI, Edited by François Golse and Stefano Olla, 2001.

[11] C. Villani. "*On a new class of weak solutions to the spatially homogeneous Boltzmann and Landau equations*". Arch. Rational Mech. Anal., 143 (3): 273–307, 1998.

[12] C. Villani. "*A review of mathematical topics in collisional kinetic theory*". In Handbook of mathematical fluid dynamics, Vol. I, 71–305, North-Holland, 2002.

[13] C. Villani. "*Cercignani's conjecture is sometimes true and always almost true*". Comm. Math. Phys., 234 (3): 455–490, 2003.

[14] C. Villani. *Topics in Optimal Transportation*, vol. 58 of Graduate Studies in Mathematics. American Mathematical Society, Providence RI, 2003.

[15] C. Villani. "*Hypocoercivity*". Mem. Amer. Math. Soc., 202 (950): iv+141, 2009.

[16] C. Villani. *Optimal transport, old and new*. Vol. 338. of Grundlehren der Mathematischen Wissenschaften [Fundamental Principles of Mathematical Sciences]. Springer-Verlag, 2009.

定理が生まれる
天才数学者の思索と生活

2014 年 4 月 20 日　初版印刷
2014 年 4 月 25 日　初版発行

著　者　セドリック・ヴィラーニ
訳　者　池田思朗・松永りえ
発行者　早川　浩
印刷所　株式会社精興社
製本所　大口製本印刷株式会社
発行所　株式会社　早川書房

郵便番号　101-0046
東京都千代田区神田多町 2-2
電話　03-3252-3111（大代表）
振替　00160-3-47799
http://www.hayakawa-online.co.jp

ISBN978-4-15-209452-0 C0041　乱丁・落丁本は小社制作部宛お送り下さい。
定価はカバーに表示してあります。　送料小社負担にてお取りかえいたします。
Printed and bound in Japan　本書のコピー、スキャン、デジタル化等の無断複製は
　　　　　　　　　　　　　　　著作権法上の例外を除き禁じられています。